Maths pratiques,
maths magiques

DANS LA MÊME COLLECTION

*Conjugaison française*, Librio n° 470
*Grammaire française*, Librio n° 534
*Conjugaison anglaise*, Librio n° 558
*Dieux et héros de la mythologie grecque*, Librio n° 593
*Le calcul*, Librio n° 595
*Orthographe française*, Librio n° 596
*Grammaire anglaise*, Librio n° 601
*Solfège*, Librio n° 602
*Dictionnaire des instruments de musique*, Librio n° 620
*Difficultés du français*, Librio n° 642
*Vocabulaire anglais courant*, Librio n° 643
*Conjugaison espagnole*, Librio n° 644
*Les rois de France*, Librio n° 650
*Guerres et conflits du XXe siècle*, Librio n° 651
*Dieux et pharaons de l'Égypte ancienne*, Librio n° 652
*Dictées pour progresser*, Librio n° 653
*Dictionnaire des rimes*, Librio n° 671
*Le français est un jeu*, Librio n° 672
*La Révolution française : 1789-1799*, Librio n° 696
*Figures de style*, Librio n° 710
*Mouvements littéraires*, Librio n° 711
*Grammaire espagnole*, Librio n° 712
*Latin pour débutants*, Librio n° 713
*Abrégé d'histoire de l'art*, Librio n° 714
*Histoire romaine*, Librio n° 720
*Le dico de l'info*, Librio n° 743
*Formulaire de mathématiques*, Librio n° 756
*La cuisse de Jupiter*, Librio n° 757

Alexandre Bourjala

# Maths pratiques, maths magiques

Librio
Inédit

# Sommaire

# Introduction

Ceci n'est pas un livre de mathématiques ! En effet, dans les pages qui suivent, on ne rencontre pas le schéma habituel : « théorème, démonstration, exercices », adopté dans la plupart des manuels scolaires.

Les treize chapitres de ce petit livre évoquent des problèmes rencontrés dans la vie de tous les jours. Une solution détaillée apporte une réponse à chacun d'eux. *C'est pratique !*

Les méthodes exposées peuvent être directement réutilisées avec les données qu'introduira le lecteur pour permettre de répondre à ses besoins. *C'est magique !*

Les mathématiques ne sont pas toujours apparentes dans les problèmes que pose la vie quotidienne. Le premier rôle de *Maths pratiques, maths magiques* est de souligner la présence de concepts arithmétiques ou géométriques sous-jacents dans une recette de cuisine, sur un chantier, devant une carte routière ou une machine à laver...

C'est pour faire le lien avec des notions rencontrées à l'école, au collège ou au lycée que certaines explications sont suivies d'un rappel des cours de mathématiques auxquels elles se réfèrent. À la fin de chaque chapitre, une partie intitulée « Pour vous entraîner » permet à chacun de vérifier si la méthode décrite est correctement assimilée.

Cet ouvrage, par son approche nouvelle, s'adresse avant tout à celles et ceux qui prétendent n'avoir « jamais rien compris aux maths » ! Les parents pourront y trouver des exemples concrets à présenter à leurs enfants pour illustrer quelques-unes de leurs leçons de mathématiques à l'abstraction parfois rebutante.

Vous serez surpris par la simplicité des méthodes qui vous sont proposées pour venir à bout de problèmes *a priori* difficilement surmontables.

M. Jourdain ne le savait pas, mais il faisait aussi des mathématiques...

# 1

# Quand on ne manque pas d'*aire*, il faut avoir du pot !

Vous avez décidé de repeindre votre salon. Pour cela, vous avez déjà arraché la vieille tapisserie et lessivé les murs. Vous voilà maintenant dans le rayon bricolage d'un magasin en train de choisir vos pots de peinture. Il est écrit sur les emballages que chaque pot permet de recouvrir d'une couche de peinture une surface d'environ 30 $m^2$. Seulement, un problème se pose : *Combien faut-il en acheter ?*

## Vous devez déterminer l'aire de vos murs

Avant de vous rendre dans ce magasin, équipez-vous d'un mètre et choisissez l'un de vos murs. Si ce dernier a la forme d'un rectangle, mesurez la hauteur de votre mur puis sa longueur. Assurez-vous que les deux mesures soient faites dans la même unité de mesure (par exemple le mètre), puis multipliez-les entre elles.

**Exemple :**

1. Vos mesures donnent 230 cm de hauteur et 550 cm de longueur.

2. Vous transformez 230 cm en 2,30 m et 550 cm en 5,50 m.
3. Multipliez les résultats : 2,30 × 5,50 = 12,65.
4. Votre mur a donc une aire de 12,65 m².

Cependant, il se peut que votre mur ait la forme d'un trapèze, c'est-à-dire de quelque chose qui ressemble à ça :

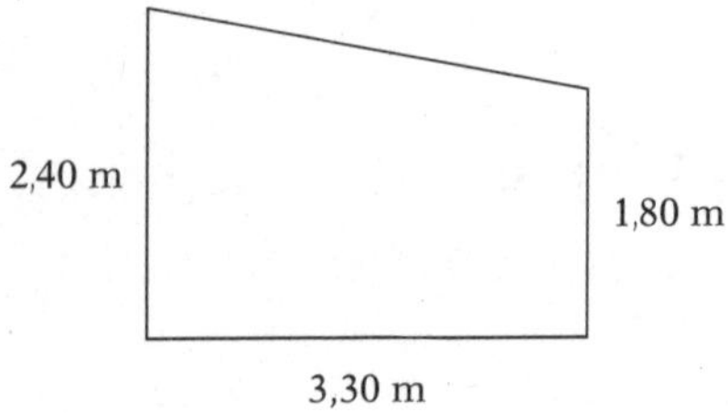


Pas de panique ! Mesurez d'abord la grande hauteur, puis la petite (toujours en mètres !).
Ajoutez ces deux grandeurs, puis divisez le tout par 2. Vous obtenez ainsi la *hauteur moyenne* de votre mur.
Ici, on ferait : 2,40 + 1,80 = 4,20 puis 4,20 ÷ 2 = 2,10.

Désormais, vous pouvez procéder comme dans le premier exemple, en multipliant votre hauteur moyenne par la longueur de votre mur pour déterminer l'aire de ce dernier. C'est-à-dire : 2,10 × 3,30 = 6,93.

Il ne vous reste plus qu'à conclure que votre mur a une aire égale à 6,93 m², soit environ 7 m².

**Comment !** ? Vous avez des murs qui ne sont ni des rectangles ni des trapèzes ! Dans ce cas, vous devriez pouvoir décomposer sa surface en petits rectangles et/ou trapèzes. Imaginons par exemple que vous souhaitiez mesurer l'aire d'un mur ayant une forme qui ressemble à la figure ABCDE dessinée ci-après ; comment feriez-vous ?

*Quand on ne manque pas d'*aire, *il faut avoir du pot !*

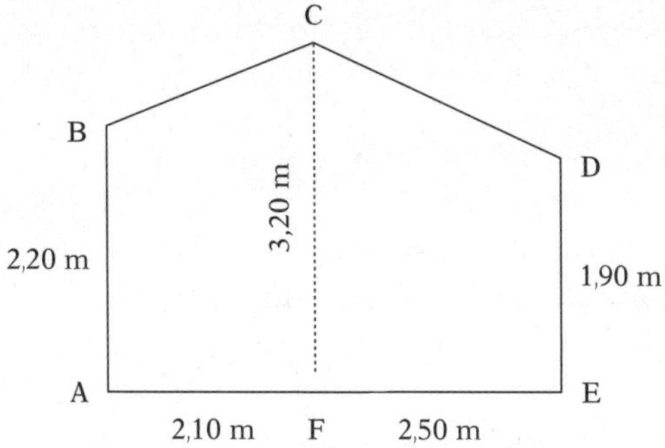


**Réponse :**

Pour calculer l'aire de ABCDE, partagez cette surface en deux trapèzes ABCF et FCDE, comme sur le dessin.

1. On calcule l'aire de ABCF :
   - hauteur moyenne :
     2,20 + 3,20 = 5,40 puis 5,40 ÷ 2 = **2,70.**
   - aire de ABCF : 2,70 × 2,10 = 5,67.

   Le premier trapèze a donc une aire qui mesure $\boxed{5{,}67\ m^2}$.

> **Attention !** Il est déconseillé d'arrondir un nombre avant la fin des calculs. En effet, arrondir un nombre c'est commettre volontairement une « petite » erreur. Si l'on commet cette « petite » erreur au milieu des calculs elle risque d'être multipliée et/ou cumulée à d'autres « petites » erreurs pour finalement engendrer une « grosse » erreur. D'une manière générale, il est préférable de n'arrondir que le résultat final.

2. On calcule l'aire de FCDE :
   - hauteur moyenne : 1,90 + 3,20 = 5,10 puis
     5,10 ÷ 2 = **2,55.**
   - aire de FCDE : 2,55 × 2,50 = 6,375.

Le second trapèze a donc une aire qui mesure $\boxed{6{,}375\ m^2}$.

3. On ajoute l'aire des deux trapèzes :
   $5{,}67 + 6{,}375 = 12{,}045$.
   Ceci étant le résultat final, on peut l'arrondir et conclure que l'aire de ABCDE est d'environ $\boxed{12\ m^2}$.

Vous pouvez encore être confronté à un autre cas : celui où vous souhaitez peindre les murs d'une mansarde. Vous êtes alors amené à calculer la superficie de murs triangulaires. Pour cela, il vous faut prendre deux mesures : la hauteur et la base.

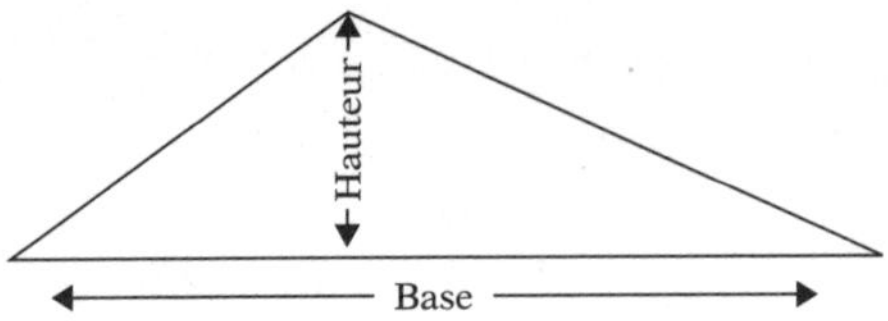


Supposons que les mesures donnent 10,50 m pour la base et 2,60 m pour la hauteur. Pour calculer l'aire de votre mur, effectuez la série d'opérations :

$10{,}50 \times 2{,}60 \div 2 = 13{,}65$.
Vous trouvez une aire de $\boxed{13{,}65\ m^2}$.

Les principales formes géométriques que vous êtes susceptible de rencontrer ayant été étudiées, vous pouvez donc maintenant calculer la superficie de chacun de vos murs (sauf, bien sûr, si vous habitez dans un igloo !).

Ajoutez tous ces nombres pour trouver la *superficie totale* à peindre.
Il ne vous reste plus qu'à diviser cette superficie totale par 30 $m^2$ (rappelez-vous, c'était écrit sur chaque pot) pour trouver, après avoir arrondi à l'unité supérieure, le nombre de pots qu'il faudra acheter. Pourquoi à l'unité supérieure ?

*Quand on ne manque pas d'*aire*, il faut avoir du pot !*

Tout simplement parce que, si vous manquez de pot, vous n'aurez aucune chance de finir votre mur...

**Exemple :**

1. Vous trouvez une superficie totale de 78,30 $m^2$.
2. Vous effectuez la division : 78,30 ÷ 30 = 2,61.
3. Vous arrondissez 2,61 à l'unité supérieure ; vous trouvez 3.
4. Vous devrez donc acheter **3 pots** de peinture pour repeindre votre salon.

**Attention !** Si vous désirez recouvrir vos murs avec deux couches de peinture, il vous faudra multiplier votre superficie totale par 2 avant de diviser par 30 !

## Rappels

➢ Aire $A$ d'un *carré* :

$$\mathcal{A} = c \times c$$

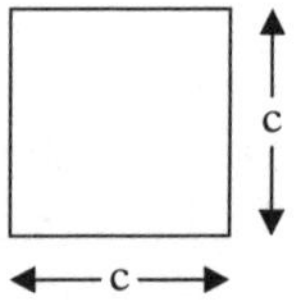


➢ Aire $A$ d'un *rectangle* :

$$\mathcal{A} = L \times l$$

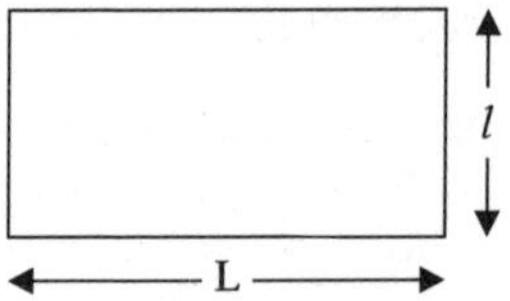


➢ Aire $A$ d'un *trapèze* :

$$\mathcal{A} = \frac{B + b}{2} \times h$$

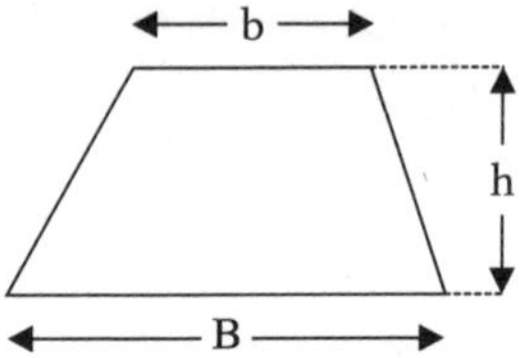


➢ Aire $A$ d'un *triangle* :

$$\mathcal{A} = \frac{B \times b}{2}$$

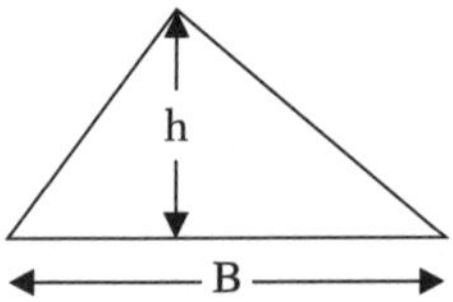

*Quand on ne manque pas d'*aire*, il faut avoir du pot !*

## Pour vous entraîner

Calculez l'aire de chacun des murs suivants, puis donnez le nombre de petits pots de peinture (pouvant couvrir chacun 5 m²) nécessaires pour les repeindre tous.

MUR N° 1

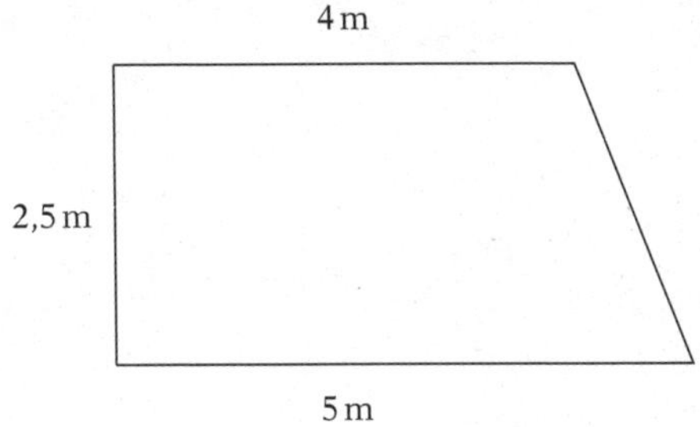


MUR N° 2

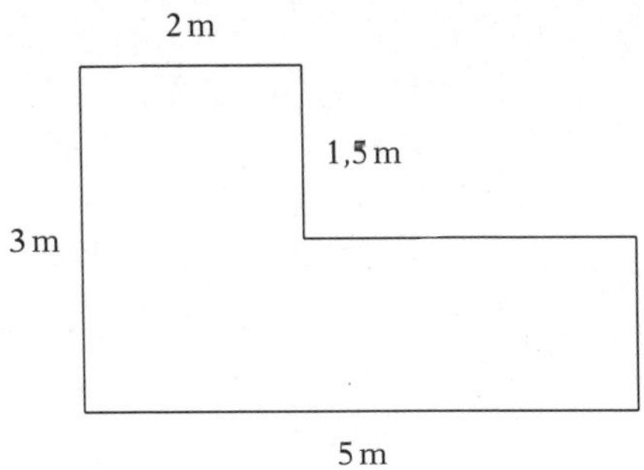


MUR N° 3

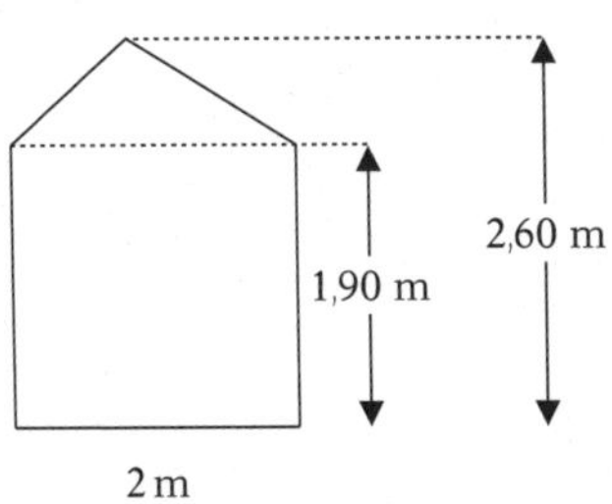

**Solutions :**

- MUR N° 1 : 11,25 $m^2$.
- MUR N° 2 : 10,5 $m^2$.
- MUR N° 3 : 4,5 $m^2$.
- Nombre de pots : 6.

## 2

# Cette recette, c'est du gâteau !

Vous allez recevoir des amis et vous souhaitez leur préparer un délicieux gâteau. La recette est simple et vous avez acheté tous les ingrédients nécessaires à sa réalisation. Pour commencer, on vous demande de verser dans un récipient 200 mL de lait. Afin de mesurer la quantité souhaitée, vous allez chercher votre verre doseur. Là, vous constatez que l'échelle de graduation des liquides n'est pas en ml mais en fractions (1/2 ; 1/4 ; 1/10) de litres.

## Comment mesurer le volume demandé ?

*Vous devez convertir des millilitres en fractions de litre.*
Tout d'abord, nous savons que : 1 L = 1 000 mL. Comme 1/2 L c'est la moitié de 1 000 mL, alors on a : **1/2 L = 500 mL.** De même, 1/4 L c'est le quart de 1 000 mL. C'est-à-dire : **1/4 L = 250 mL.** Enfin, 1/10 L c'est le dixième de 1 000 mL. Donc : **1/10 L = 100 mL.**
Il ne nous reste plus qu'à remarquer que 200 mL c'est 2 fois 100 mL. Donc :

1. vous versez du lait dans votre verre doseur jusqu'au trait 1/10,
2. vous transvasez le contenu du verre dans un récipient,

3. vous reversez du lait dans votre verre doseur jusqu'au trait 1/10,
4. vous rajoutez le contenu du verre dans votre récipient.

Et voilà 200 mL de lait !

Vous auriez pu obtenir d'autres volumes en remarquant que :

300 mL = 1/10 L + 1/10 L + 1/10 L
350 mL = 1/4 L + 1/10 L
400 mL = 1/10 L + 1/10 L + 1/10 L + 1/10 L
450 mL = 1/4 L + 1/10 L + 1/10 L

Plus loin dans votre recette, il vous est demandé de rajouter 15 cL de rhum. Vous savez qu'il suffit de rajouter un zéro au nombre de cL pour obtenir des mL. Ainsi, 15 cL correspondent à 150 mL. Donc :

1. vous versez du rhum dans votre verre doseur jusqu'au trait 1/10,
2. vous transvasez le contenu du verre dans un récipient,
3. vous rajoutez du rhum dans votre verre doseur jusqu'à atteindre la mi-hauteur du trait 1/10 (oui, ce n'est pas très précis mais c'est <u>votre</u> verre doseur et <u>votre</u> recette alors soyez gentil(le) de ne pas trop vous plaindre !),
4. videz votre verre dans le récipient.

Voilà 15 cL de rhum !

Désormais, vous n'avez plus d'excuses pour ne pas faire de pâtisseries.

# Rappels

## Tableau de conversion des différentes sous-unités du litre

| kL | hL | daL | L | dL | cL | mL |
|---|---|---|---|---|---|---|
| | | | | | | |

kL → *kilolitre* correspond à 1 000 litres (très peu usité), on utilise plutôt le mètre cube noté $m^3$.
hL → *hectolitre* correspond à 100 litres.
daL→ *décalitre* correspond à 10 litres.

### Exemples d'utilisation du tableau de conversion :

Comment convertir 25 hectolitres en litres ?

1. On ne met qu'un seul chiffre par case ; c'est le chiffre des **unités** qui se place dans la colonne de l'**unité** de départ (ici, les hectolitres).

| kL | hL | daL | L | dL | cL | mL |
|---|---|---|---|---|---|---|
| 2 | 5 | | | | | |

2. On complète les colonnes vides avec des zéros jusqu'à l'unité d'arrivée.

| kL | hL | daL | L | dL | cL | mL |
|---|---|---|---|---|---|---|
| 2 | 5 | 0 | 0 | | | |

3. Il ne reste plus qu'à conclure que 25 hl correspondent à 2500 l.

Comment convertir 3,5 centilitres en litres ?

1. On place un chiffre par colonne en prenant soin de placer le chiffre des unités dans la colonne de l'unité de départ.

| kL | hL | daL | L | dL | cL | mL |
|---|---|---|---|---|---|---|
| | | | | | 3, | 5 |

2. On complète les colonnes vides avec des zéros jusqu'à l'unité d'arrivée ; on déplace la virgule à côté du zéro le plus à gauche.

| kL | hL | daL | L | dL | cL | mL |
|---|---|---|---|---|---|---|
| | | | 0, | 0 | 3 | 5 |

3. Conclusion : 3,5 cL correspondent à 0,035 L.

Les volumes peuvent aussi se mesurer à l'aide des sous-unités du mètre cube ($m^3$) :
- le millimètre cube ($mm^3$),
- le centimètre cube ($cm^3$),
- le décimètre cube ($dm^3$).

Le *petit* 3 en exposant est là pour nous rappeler que chaque colonne du tableau de conversion sera divisée en trois *petites* colonnes.

| $m^3$ | | | $dm^3$ | | | $cm^3$ | | | $mm^3$ | | |
|---|---|---|---|---|---|---|---|---|---|---|---|
| | | | | | | | | | | | |

Comment convertir 0,17 $dm^3$ en $cm^3$ ?

1. On place le 0 (chiffre des unités) dans la petite colonne la plus à droite de la colonne des $dm^3$.

| $m^3$ | | | $dm^3$ | | | $cm^3$ | | | $mm^3$ | | |
|---|---|---|---|---|---|---|---|---|---|---|---|
| | | | | | 0 | | | | | | |

2. On finit d'écrire le nombre (ici 0,17) et on rajoute des zéros dans toutes les petites colonnes jusqu'à arriver à celle qui est la plus à droite de la colonne des $cm^3$.

| $m^3$ | | | $dm^3$ | | | $cm^3$ | | | $mm^3$ | | |
|---|---|---|---|---|---|---|---|---|---|---|---|
| | | | | | 0, | 1 | 7 | 0 | | | |

3. C'est maintenant le zéro le plus à droite qui joue le rôle de chiffre des unités (puisque l'on change d'unité !). Donc on ne tient plus compte de la virgule, et l'on peut lire que : 0,17 $dm^3$ = 170 $cm^3$.

Enfin, nous avons l'égalité : **1 $dm^3$ = 1L**

D'où le tableau de correspondance entre les diverses unités de volume :

| $m^3$ | | | $dm^3$ | | | $cm^3$ | | | $mm^3$ | | |
|---|---|---|---|---|---|---|---|---|---|---|---|
| | | kL | hL | daL | L | dL | cL | mL | | | |
| | | | | | | | | | | | |

## Pour vous entraîner

1) À combien de millilitres correspondent trois quarts de litre ?

2) Combien y a-t-il de litres dans 1 $m^3$ ?

3) Comment mesurer 55 cL avec un verre doseur ?

**Solutions :**

1) 3/4 L = 750 mL.
2) 1 $m^3$ =1 000 L.
3) 55 cL = 1/4 L + 1/10 L + 1/10 L + 1/10 L.

# 3

# À manipuler avec précaution !

C'est l'automne. Les feuilles des arbres brunissent et tombent, dévoilant quelques branches mortes... Vous allez enfin utiliser votre toute nouvelle tronçonneuse ! Le vendeur vous a expliqué qu'elle fonctionnait avec du mélange à 3 %. Afin de préparer un tel mélange, vous avez rempli un jerrican d'essence et acheté un bidon d'huile.

## Mais comment obtenir un mélange à 3 % ?

1er cas (le plus simple et le plus fréquent) : votre réservoir a une contenance de 1 L.

Vous devez commencer par verser 3 cL (3 centièmes de litre, soit 30 mL) d'huile dans votre réservoir. Le bouchon de votre bidon d'huile dispose à cet effet d'une graduation vous permettant de mesurer la quantité souhaitée. Il ne vous reste plus qu'à finir de remplir le réservoir avec l'essence et d'agiter le tout pour émulsionner le mélange. Vous pouvez aller tronçonner !

2e cas (vous n'avez pas de chance) : votre réservoir a une autre contenance.

Appelons V le volume du réservoir en litres (dans le premier cas, on avait V = 1).
Pour obtenir, en cl, le volume d'huile qu'il faut verser dans le réservoir, il suffit de multiplier V par 3.

**Exemple :**

Le réservoir de votre tronçonneuse a une contenance de 1,5 L (donc V = 1,5).

1. Vous multipliez 1,5 par 3 et vous trouvez : *1,5 × 3 =* ***4,5***.
2. Vous versez donc **4,5** cL d'huile dans votre réservoir.
3. Vous terminez votre préparation en rajoutant de l'essence dans votre réservoir, jusqu'à ce que ce dernier soit plein.

La méthode exposée dans le 2e cas peut d'ailleurs s'appliquer à n'importe quel mélange.
En effet, si vous disposez d'un réservoir ayant une contenance de V litres, pour y réaliser un mélange à P % (précédemment, P était égal à 3), alors simplement en multipliant V par P, vous déterminerez directement le volume d'huile en cl nécessaire à la préparation du mélange.

**Exemple :**

Le réservoir a une capacité de 0,5 L et vous souhaitez élaborer un mélange à 4 %.

1. Vous multipliez 0,5 par 4. Cela donne : *0,5 × 4 =* ***2***.
2. Vous devrez donc verser **2** cL d'huile dans votre réservoir.
3. Il ne vous reste plus qu'à finir de remplir d'essence le réservoir de votre tronçonneuse puis à l'agiter (après avoir pris soin de revisser le bouchon).

Vous pouvez désormais entamer votre travail de coupe en respectant, bien sûr, les consignes de sécurité.

Votre tâche accomplie, quel bonheur de pouvoir vous détendre sous une bonne douche et de laisser votre lave-linge s'occuper de nettoyer vos vêtements !
À cet effet, vous vous déshabillez et, après les efforts harassants qui vous ont occupé une bonne partie de l'après-midi, laissez tomber dans la machine ce qui constituait votre tenue de travail. Vous versez de la lessive dans les bacs de prélavage et de lavage et décidez de rajouter une bonne dose d'adoucissant. Horreur ! Il s'agit d'un berlingot de produit pur à diluer. Il est écrit sur l'emballage qu'avec ce berlingot de 250 mL, on peut obtenir 1 L d'adoucissant prêt à l'emploi. Bien évidemment, vous n'avez à votre disposition qu'une bouteille vide d'1,5 L pour effectuer le mélange. Comment défaire ce nœud gordien ?
Tout d'abord, couvrez-vous ! Maintenant que les arbres sont élagués, on pourrait entrevoir votre nudité...
Puis versez le contenu du berlingot dans votre bouteille vide. Il faut maintenant rajouter de l'eau jusqu'aux 2/3 de sa hauteur. Pour cela, rien de plus facile ; divisez mentalement la hauteur totale de la bouteille en trois parties à peu près égales.
Il ne vous reste plus qu'à remplir d'eau les deux premières parties. Et voilà !

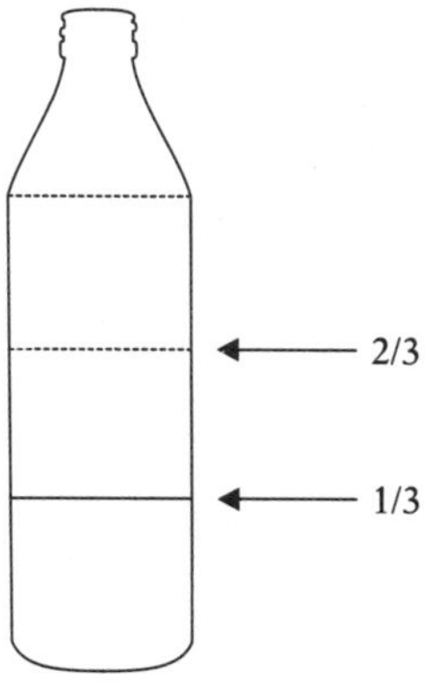

**Remarque**
Si vous disposez de trois berlingots et de deux bouteilles d'1,5 L vous pouvez rapidement préparer 3 L d'adoucissant : videz un berlingot dans chaque bouteille, puis versez une moitié du troisième berlingot dans chacune. Remplissez les bouteilles d'eau et vous obtenez la solution souhaitée.

# Rappels

## Tableau de proportionnalité (ou règle de trois)

Les exemples vus dans ce chapitre (et dans d'autres) illustrent la notion de proportionnalité. Connaissant le mélange idéal pour un volume donné, nous sommes capables de préparer pour n'importe quel volume le mélange adapté.
Ainsi, dans le premier exemple, nous savions que le mélange idéal était à 3 %. Cela signifie qu'il faut verser 3 L d'huile dans de l'essence jusqu'à obtenir 100 L de mélange. Mais 100 L, c'est beaucoup trop !
Supposons que nous ne souhaitions que 2 L de mélange. Nous cherchons le volume d'huile (appelons-le X) qu'il faut verser dans le réservoir pour obtenir le mélange adapté à nos besoins. Tout cela peut se retranscrire dans un tableau de proportionnalité de la façon suivante :

| | Volume d'huile | Volume de mélange |
|---|---|---|
| Mélange idéal | 3 L | 100 L |
| Mélange adapté | X | 2 L |

**Pour obtenir la valeur de X, il suffit de multiplier les nombres qui se situent dans la même colonne et sur la même ligne que X et de diviser le résultat par le dernier nombre du tableau.**

Ici, les calculs donnent : $X = \frac{3 \times 2}{100}$, soit : X = 0,06 L.

Ce qui donne, d'après le tableau de conversion du chapitre 2 : $\boxed{X = 6 \text{ cL}}$

## Pour vous entraîner

1) On dispose d'un réservoir de 3 L. Comment obtenir un mélange à 2 % ?

2) Vous recevez à dîner des amis. Vous avez trouvé la recette d'un plat qui vous semble appétissant. Petit problème : les quantités sont données pour 4 personnes et vous serez 10 autour de la table. Si pour 4 personnes il faut 500 g de morilles blondes, quelle quantité de champignons sera nécessaire pour 10 personnes ?

**Solutions :**

1) 3 × 2 = 6 ; on verse donc 6 cL d'huile dans le réservoir avant de remplir ce dernier d'essence.

2)

| | Nombre de personnes | Masse de morilles |
|---|---|---|
| Recette pour 4 | 4 | 500 g |
| Recette pour 10 | 10 | X |

$$X = \frac{10 \times 500}{4} = 1\ 250$$

La recette pour 10 personnes nécessite **1 250 g** de morilles blondes.

4

# Ne passez pas à côté d'une échelle !

Vous venez d'arriver dans une commune que vous ne connaissez pas. Pour vous familiariser avec la région, vous achetez un plan au bas duquel figure l'inscription : 1/150 000. Vous souhaitez connaître la distance qui sépare l'aéroport de votre domicile. Sur le plan, 32 cm séparent les deux endroits. Dans la réalité, combien de kilomètres séparent les deux endroits ?

Si l'échelle du plan indique 1/150 000, cela signifie que 1 cm sur le plan correspond à 150 000 cm dans la réalité. Comme ce dernier nombre n'est pas très « parlant », nous allons le convertir en kilomètres. Pour cela, rien de plus facile ; **il suffit de rajouter une virgule entre le cinquième et le sixième chiffre en commençant par la droite.** Dans notre exemple, nous trouvons que 150 000 cm équivalent à 1,50 000 km ; soit 1,5 km.
Donc, à présent, nous savons grâce à l'échelle que 1 cm sur le papier représente 1,5 km grandeur nature. Par suite, 32 cm sur le papier représentent 32 × 1,5 km (c'est-à-dire 48 km) grandeur nature. Donc l'aéroport se situe à 48 km de votre maison.
De même, si la mairie et votre domicile sont distants de 20 cm sur votre carte quelle distance les sépare à notre échelle ? Il suffit d'effectuer le calcul : 20 × 1,5 = 30 pour

trouver la réponse à notre question ; mairie et maison sont situées à 30 km l'une de l'autre.
On se rend compte qu'une fois que l'on a transformé l'information « **1/150 000** » en « **1 cm représente 1,5 km** » il n'y a guère de difficultés à estimer les distances. Ainsi, si vous avez en votre possession une carte indiquant : « échelle 1/100 000 000 », vous savez que votre premier travail pour évaluer diverses distances sera de transformer cette information comme nous l'avons vu précédemment. Pour convertir 100 000 000 de centimètres en kilomètres, vous utilisez la règle soulignée un peu plus haut. Si vous placez une virgule entre le cinquième et le sixième chiffre en partant de la droite, vous trouvez que 100 000 000 cm correspondent à 100 000 000 km. Vous en déduisez que sur votre plan, 1 cm représente 1 000 km.
Par suite, en remarquant que Paris et Sydney sont espacés de 17 cm, il est facile de conclure que ces deux villes sont éloignées de : 17 × 1 000 km = 17 000 km.

Les échelles peuvent aussi parfois être trompeuses lorsqu'elles s'appliquent à des volumes.
Quand on nous dit qu'une maquette est la fidèle représentation d'un avion à l'échelle 1/25, cela signifie que la longueur, la largeur et la hauteur du modèle réduit sont chacune 25 fois plus petite que les dimensions réelles. Le volume d'un « objet » étant proportionnel au produit de ces trois mesures, on en déduit que notre petit avion est 25 × 25 × 25 = 15 625 fois plus petit que son modèle.
Vous vous demandez peut-être : « À quoi cela sert-il et pourquoi avoir qualifié les échelles de trompeuses ? » Répondez sans vous tromper au problème suivant et vous prouverez (s'il en était encore besoin) que vous maîtrisez ce chapitre.
Deux pâtissiers disposent de la même quantité de pâte et de raisins secs. Le premier prépare un grand cake aux raisins de 50 cm de long avec toute sa pâte. Le second préfère utiliser toute sa pâte pour cuisiner huit petits cakes

aux raisins ayant chacun la même forme que le grand cake de son collègue. Quelle sera la longueur de chacun des petits cakes ?

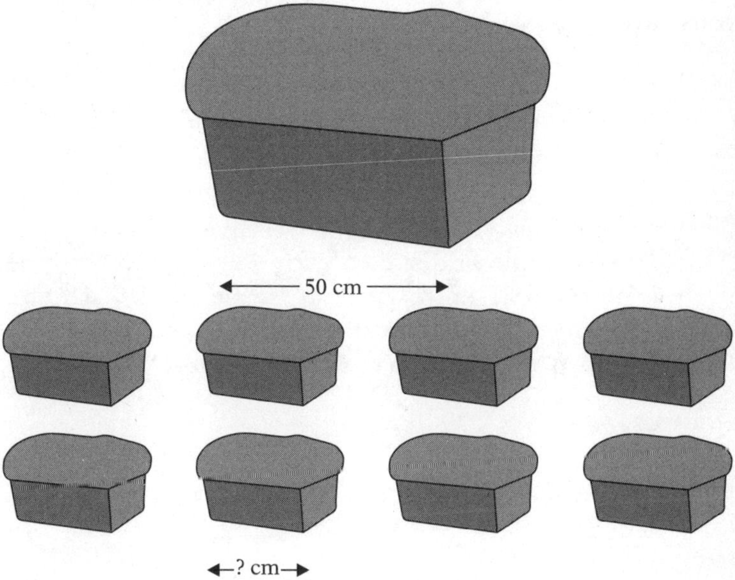


La réponse est... 25 cm !

En effet, comme pour les avions tout à l'heure, si chaque « petit cake » est une représentation du « grand cake » à l'échelle 1/2, alors cela signifie que sa longueur, sa largeur et sa hauteur sont chacune divisées par 2. Et donc chaque petit cake est 2 × 2 × 2 = 8 fois plus petit que le grand cake. On peut ainsi, avec les mêmes ingrédients que le grand cake, préparer huit cakes huit fois plus petits car deux fois moins longs.

## Pour vous entraîner

1) Sur une carte à l'échelle 1/25 000, deux villes sont distantes de 14 cm. Dans la réalité, combien de kilomètres les séparent ?

2) Vous avez rendez-vous dans un bureau situé à 2 km de la gare. Sur un plan de la ville à l'échelle 1/5 000, à quelle distance de la gare faut-il chercher le bureau ?

3) Sur une carte dont l'échelle n'est pas indiquée, vous constatez que la distance entre Paris et Lyon est de 8 cm, et celle entre Paris et Bastia mesure 18 cm. Vous savez que Lyon est à environ 400 km de Paris. Combien de kilomètres séparent Paris et Bastia ?

**Solutions :**

1) 1 cm représente 0,25 km ; donc 3,5 km séparent les deux villes.

2)

| | sur le plan | dans la réalité |
|---|---|---|
| échelle | 1 cm | 0,05 km |
| distance | X | 2 km |

X = 40 cm

3)

| | sur le plan | dans la réalité |
|---|---|---|
| Paris-Lyon | 8 cm | 400 km |
| Paris-Bastia | 18 cm | Y |

Y = 900 km

# 5

# Vivement les soldes !

Les fêtes de fin d'année sont terminées. Les rues se vident de leurs décorations de Noël et les magasins s'apprêtent à écouler leurs stocks d'invendus. Vous allez bientôt pouvoir profiter des soldes. Diverses questions peuvent se présenter à vous : *Comment calculer le nouveau prix d'un article soldé ?*, *Pourquoi le fait de faire subir à un prix deux baisses successives de 10 % et 20 % n'est pas la même chose que d'effectuer une seule baisse de 30 % ?*.
Voyons ensemble de quelles manières nous pouvons répondre à ces interrogations.

Tout d'abord, une méthode simple pour calculer une augmentation de 10 % d'un prix consiste à multiplier ce dernier par 10, à diviser le résultat par 100, puis à ajouter le total au prix du départ.
Par exemple, supposons qu'un pantalon coûte 70 €. Quel sera son nouveau prix après une augmentation de 10 % ?

1. On multiplie 70 par 10 ; on trouve 700.
2. On divise ce résultat par 100, c'est-à-dire :
   700 ÷ 100 = 7.
3. On ajoute le total au prix du départ : 7 + 70 = 77.
4. Conclusion : le pantalon coûtera 77 €.

De même, pour une augmentation de **20 %**, vous arriverez au résultat cherché en remplaçant le 10 de la première multiplication de l'exemple précédent par... un **20** !
Ainsi, si vous payiez 300 € le fioul que vous mettiez dans votre citerne l'année dernière, combien payerez-vous cette année pour la même quantité, si le prix du combustible a augmenté de 20 % ?

1. On multiplie 300 par 20 ; on trouve 6 000.
2. On divise le résultat par 100, c'est-à-dire :
   6 000 ÷ 100 = 60.
3. On ajoute ce total au prix de l'an dernier :
   60 + 300 = 360.
4. Conclusion : cette année, le montant de la facture de fioul s'élèvera à 360 €.

Pour les réductions (qui nous intéressent davantage !) la méthode est quasiment la même, à ceci près que la dernière opération sera une soustraction.
Prenons une paire de chaussures à 90 €. Si le prix subit une baisse de 20 %, combien devrez-vous débourser pour pouvoir les acquérir ?

1. On multiplie 90 par 20 ; on trouve 1 800.
2. On divise le résultat par 100 ; c'est-à-dire :
   1 800 ÷ 100 = 18.
3. On retranche ce résultat au prix initial :
   90 – 18 = 72.
4. Conclusion : le nouveau prix des chaussures est de 72 €.

Nous sommes à présent en mesure de comprendre pourquoi deux baisses de prix successives de 10 %, puis de 20 % ne donnent pas le même résultat qu'une unique baisse de 30 %.
En effet, lors des deux baisses successives, les dix premiers pourcents s'appliquent au prix initial de l'article puis les vingt pourcents suivants s'appliquent à un prix *intermédiaire*, plus bas.
Lors de l'unique baisse, les trente pourcents s'appliquent

au prix initial. La réduction est donc plus importante que dans le premier cas.

Pour illustrer notre propos reprenons l'exemple des chaussures qui coûtaient initialement 90 €. Après une première baisse de 20 % le nouveau prix est de 72 €. Si le prix des chaussures subissait une nouvelle réduction de 10 %, c'est en utilisant 72 € (le prix intermédiaire) que nous ferions le calcul du prix final.

1. 72 × 10 = 720.
2. 720 ÷ 100 = 7,2.
3. 72 – 7,2 = 64,8.
4. Conclusion : après deux baisses successives de 20 % puis 10 % de leur prix, les chaussures ne coûtent plus que 64,80 €.

Cherchons à présent le prix de ces mêmes chaussures (dont le prix de départ est de 90 €) après une unique baisse de 30 %.

1. 90 × 30 = 2 700.
2. 2 700 ÷ 100 = 27.
3. 90 – 27 = 63.
4. Conclusion : après une unique baisse de 30 %, les chaussures ne coûtent plus que 63 €.

Nous constatons donc qu'une unique baisse de 30 % est plus avantageuse (pour le client !) que deux baisses successives de 20 %, puis de 10 %.

Mais, me direz-vous, lorsque l'on effectue deux réductions de prix successives, l'ordre a-t-il une importance ? Autrement dit, diminuer un prix de 20 % puis de 10 %, est-ce la même chose que de le diminuer de 10 % puis de 20 % ? La réponse est oui et nous en verrons la raison au prochain chapitre.

## RAPPELS

Pour calculer 15 % de 85 à l'aide de la touche « % » d'une calculatrice, il suffit d'appuyer successivement sur les touches :

[8] [5] [×] [1] [5] [%] [=]

Vous pourrez alors lire le résultat : 12,75. Le signe « % » veut juste dire « divisé par cent ». Donc :

$$30\,\% = \frac{30}{100} = 0{,}3.$$

Cette remarque sera utile pour le prochain chapitre.

## Pour vous entraîner

1) Un article coûtait 53 € ; son prix a augmenté de 20 %. Quel est son nouveau prix ?

2) Un ordinateur portable coûtant 900 € voit son prix baisser de 15 %. Combien coûte-t-il à présent ?

3) En pleine liquidation des stocks, une paire de chaussures à 150 € subit deux baisses successives de 10 % puis de 30 %. Combien allez-vous la payer ?

**Solutions :**

1) Nouveau prix : 63,6 €.
2) L'ordinateur coûte 765 €.
3) Prix de la paire de chaussures : 94,5 €.

# 6

# Pourcentages pourtant sages...

Nous avons vu au chapitre précédent comment calculer certains pourcentages. La méthode était simple et aurait pu suffire s'il n'existait pas d'autres problèmes liés aux pourcentages. En effet, nous pouvons (en utilisant la méthode exposée au chapitre précédent) trouver aisément le nouveau prix de divers articles **après** une augmentation ou une réduction. Mais qu'en est-il lorsqu'il s'agit de retrouver le prix d'un objet **avant** sa fluctuation (en pourcentage) ?

**Exemple :**

Supposons que vous trouviez un pantalon coûtant 25 € dans un magasin affichant que tous les prix ont subi une baisse de 20 %. *Quel était le prix de ce pantalon **avant** qu'il ne soit soldé ?*
Vous ne pouvez pas prendre les 25 € et les augmenter de 20 % !

> **Attention !** Un pourcentage seul ne signifie rien. Il faut donc toujours préciser à quelle grandeur le pourcentage se rapporte (15 % de la population..., 80 % du temps..., 10 % de chances..., etc.).

Dans notre exemple, les 20 % s'appliquent au prix initial du pantalon. Comme les 25 € représentent le prix final (après réduction), il n'y a aucune raison de calculer 20 % de ces 25 €. Il faut donc se débrouiller autrement.

*1re méthode :* l'utilisation d'un tableau de proportionnalité (déjà vu au chapitre 3).

Il suffit de constater que si l'article est soldé à hauteur de 20 %, cela signifie que nous n'allons payer que 80 % du prix initial de l'article. Nous pouvons donc établir le tableau suivant :

| | Prix | Pourcentage |
|---|---|---|
| Initialement | X | 100 % |
| Au final | 25 € | 80 % |

Et par suite, le calcul de X s'effectuant comme décrit au chapitre 3, on trouve :

$$X = \frac{25 \times 100}{80} \text{ ; c'est-à-dire : } X = 31{,}25.$$

Donc, avant d'être soldé, le pantalon coûtait 31 € 25.

**Autre exemple :**

Le montant des factures relatives à une année de consommation de carburant s'élève à 1 138,50 €. Sachant qu'en moyenne le prix du carburant a augmenté de 15 % sur l'année, quelle somme aurait-il fallu dépenser l'année précédente pour la même consommation ? Autrement dit, il faut trouver le nombre qui, augmenté de 15 %, donne 1 138,50.

À ce niveau du chapitre, j'espère que vous n'envisagez pas de retrancher 15 % à 1 138,50 !
Recopions plutôt le tableau ci-dessus et remplissons-le avec les chiffres qui nous intéressent (en réalité, pour ce genre de problèmes, la ligne « Prix initial » ne change jamais).

| | Prix | Pourcentage |
|---|---|---|
| Initialement | X | 100 % |
| Au final | 1 138,50 € | 115 % |

$$X = \frac{1\,138{,}50 \times 100}{115}\text{ ; c'est-à-dire } X = 990.$$

Donc, sans la hausse de 15 % et pour la même consommation de carburant, la somme des montants des factures s'élèverait à 990 €.

2^e^ *méthode* : l'utilisation du coefficient (ou nombre !) propre à la variation du prix.

Ce coefficient s'établit simplement :

Si un prix subit une **hausse** de 20 %, son coefficient s'élève à : 1 + 20 % ; que l'on peut écrire 1 + 0,2. Le coefficient de variation vaudra donc 1,2.

En revanche, si un prix subit une **baisse** de 20 %, alors son coefficient de variation s'obtiendra en posant l'opération suivante : 1 – 20 % ; que l'on peut écrire 1 – 0,2. C'est-à-dire 0,8.

**Pour retrouver la valeur d'un nombre AVANT qu'il ait subi une hausse ou une baisse d'un certain pourcentage, il suffit de DIVISER ce nombre par son coefficient de variation.**

Ainsi, si vous désirez connaître le prix initial d'un ordinateur dont l'étiquette indique qu'il ne coûte plus que 731 € après une réduction de 15 %, vous pouvez procéder comme suit :

1. Calcul du coefficient de variation :

   Baisse de 15 % → 1 – 0,15 = 0,85.
   Notre coefficient vaut 0,85.

2. Calcul du prix avant la réduction :

   731 ÷ 0,85 = 860.

L'ordinateur coûtait donc 860 €. Ce qui vous permet de savoir qu'en l'achetant aujourd'hui vous réalisez une économie de 129 € par rapport à ceux qui auraient acheté le même ordinateur avant la ristourne de 15 %.

Supposons maintenant que nous ne soyons plus l'acheteur mais le vendeur. D'une part, nous possédons un article que nous souhaitons vendre 256,50 €. D'autre part, notre clientèle a l'habitude de marchander et nous désirons la satisfaire en lui accordant une réduction de 10 % sur le prix de l'article. Quel montant devons-nous inscrire sur l'étiquette du prix pour qu'après la réduction de 10 % nous vendions l'article pour la somme de 256,50 € ?
Nous souhaitons connaître le prix avant la réduction de 10 % pour pouvoir l'afficher. Celles et ceux qui proposeraient d'augmenter 256,50 € de 10 % sont invités à s'en abstenir et à reprendre depuis le début la lecture de ce chapitre !
Pour les autres, réutilisons la méthode décrite précédemment :

1. Calcul du coefficient de variation :

   Réduction de 10 % → 1 – 0,10 = 0,9.
   Notre coefficient vaut 0,9.

2. Calcul du prix avant la réduction :

   256,50 ÷ 0,9 = 285.

   L'étiquette de l'article devra annoncer un prix de 285 €.

Une question que nous pourrions nous poser en tant que vendeur et que nous avions laissée en suspens au chapitre précédent est : *Réduire un prix de 10 % puis de 20 %, est-ce*

*la même chose que de le réduire d'abord de 20 % puis de 10 % ?*
Pour répondre à cette question utilisons le fait que **pour trouver la valeur d'un nombre APRÈS qu'il a subi une hausse ou une baisse d'un certain pourcentage, il suffit de MULTIPLIER ce nombre par son coefficient de variation.**
Nous pouvons à présent comparer l'influence exercée sur le prix final par l'ordre des réductions. Prenons une voiture coûtant 12 000 € et faisons-lui subir deux baisses successives de 5 % puis de 10 %.

1. <u>Calcul du 1er coefficient de variation :</u>

   Réduction de 5 % → 1 – 0,05 = 0,95.

2. <u>Calcul du prix après la 1re réduction :</u>

   12 000 × 0,95 = 11 400.
   Après la première réduction le véhicule coûte 11 400 €.

3. <u>Calcul du 2nd coefficient de variation :</u>

   Réduction de 10 % → 1 – 0,10 = 0,9.

4. <u>Calcul du prix après la 2de réduction :</u>

   11 400 × 0,9 = 10 260.
   Au final, la voiture coûte 10 260 €.

Prenons à présent une autre voiture (nous en avons les moyens !) coûtant 12 000 €. Faisons-lui subir les deux baisses mais dans l'ordre inverse.

1. <u>Calcul du 1er coefficient de variation :</u>

   Réduction de 10 % → 1 – 0,10 = 0,9.

2. <u>Calcul du prix après la 1re réduction :</u>

   12 000 × 0,9 = 10 800.
   Après la première réduction le véhicule coûte 10 800 €.

3. Calcul du $2^{nd}$ coefficient de variation :

   Réduction de 5 % → 1 – 0,05 = 0,95.

4. Calcul du prix après la $2^{de}$ réduction :

   10 800 × 0,95 = 10 260.
   Au final, la voiture coûte 10 260 €.

On retrouve le même prix final. Cela n'a rien d'étonnant et n'est pas dû au hasard puisqu'en fin de compte, dans le premier exemple, nous avons multiplié le prix initial par 0,95 puis par 0,9 tandis que, dans le second exemple, le prix a été multiplié d'abord par 0,9 puis par 0,95. La commutativité de la multiplication fait le reste.

**Conclusion** : l'ordre dans lequel on effectue les différents calculs de hausses ou de baisses successives n'a aucune incidence sur le prix final.

## Rappels

### La TVA

La TVA (Taxe sur la Valeur ajoutée) est un impôt proportionnel au prix hors taxe (prix HT) d'une marchandise (bien ou service). Les trois taux actuellement en application sont : 19,6 %, 5,5 % et 2,1 %.
On appelle prix TTC (Toutes Taxes comprises) la somme du prix HT et de sa TVA.
Schématiquement : l'acheteur paye le prix TTC, le vendeur gagne le prix HT et reverse aux impôts la TVA.

## Pour vous entraîner

1) Un article de sport coûte 25 € TTC. Sachant que le taux de TVA est de 19,6 %, quel est son prix HT ?

2) Les prix de l'immobilier ont grimpé de 10 % dans un laps de temps relativement court. Quel était le prix d'un appartement, coûtant aujourd'hui 203 500 €, avant cette hausse des prix ?

3) Vous entrez dans un magasin dans lequel tous les prix viennent de subir une baisse de 20 %. Vous dépensez 210 € pour l'achat de marchandises. Quelle économie avez-vous réalisée en achetant ces articles après réduction ?

**Solutions :**

1) L'article de sport coûte 20,90 € HT.
2) Le prix de l'appartement était de 185 000 €.
3) L'économie réalisée est de 52,50 €.

7

# « Hâte-toi lentement ! »

C'est les vacances d'été ! Il fait beau, la voiture est remplie de bagages et (à votre grand étonnement) il reste encore de la place pour votre petite famille. Vous embarquez tout ce petit monde et prenez la route en direction des plages ensoleillées. Vous n'êtes pas encore sorti(e) de votre quartier que déjà votre petit dernier vous interpelle en vous demandant : « On arrive quand ? » Vous connaissez le besoin qu'ont les enfants (surtout le vôtre !) d'avoir des réponses satisfaisantes à leurs questions. Vous avez donc conscience qu'une réponse évasive du genre : « Dans longtemps » ne fera qu'éveiller sa curiosité et vous exposera au flot quasi incessant des questions de votre progéniture, du genre : « C'est quoi dans longtemps ? » ou : « Et maintenant, on arrive bientôt ? » Vous n'avez pas envie de subir un tel « harcèlement » tout au long des 800 kilomètres qui vous attendent. *Vous devez donc estimer la durée de votre trajet.* Puisque vous connaissez déjà la longueur du trajet, il vous reste à estimer votre vitesse moyenne. Le cas le plus simple est celui où vous empruntez l'autoroute en ayant l'opportunité de rouler à une vitesse sensiblement égale à 130 $km.h^{-1}$ (autre notation pour km/h). Compte tenu des arrêts aux péages, votre vitesse moyenne avoisine les 120 $km.h^{-1}$.
Pour déterminer avec une bonne approximation la durée de votre trajet, il suffit de diviser votre nombre de

kilomètres par 2. Le résultat donne, en minutes, le temps pendant lequel vous roulez. Ici : 800 × 2 = 400. Donc vous roulerez durant 400 minutes, soit 6 h 40 (pour la conversion des minutes en heures, voir le chapitre suivant). À ce temps n'oubliez pas de rajouter une demi-heure de pause toutes les 2 heures pour vous reposer et permettre à vos passagers de soulager leurs jambes et leur vessie, à votre véhicule de se refroidir et de se réapprovisionner en carburant.
En 6 h 40 vous devriez vous arrêter 3 fois. D'où :
6 h 40 + 3 × 1/2 h = 6 h 40 + 1 h 30 = 8 h 10.

Si vous décidez d'emprunter les routes nationales et départementales, l'estimation de la vitesse moyenne est alors plus délicate. La vitesse y est limitée à 90 $km.h^{-1}$ mais vous allez traverser diverses agglomérations dans lesquelles l'aiguille de votre tachymètre ne doit pas afficher de nombre supérieur à 50. De plus, vous pouvez rencontrer des stops et des feux rouges qui ramèneront, l'espace d'un instant, votre vitesse à... 0 $km.h^{-1}$ ! Cependant, la plupart du temps, en prenant comme vitesse moyenne 80 $km.h^{-1}$, on arrive à une assez bonne estimation de la durée du trajet.
**Pour obtenir votre temps de conduite, il vous faut diviser la distance du parcours par votre vitesse moyenne**. Ainsi, si vous devez couvrir une distance de 200 km en n'empruntant que des routes nationales ou départementales, vous obtiendrez la durée de votre voyage en effectuant la division suivante : 200 ÷ 80 = 2,5.
Vous conduirez donc pendant environ deux heures et demie.

*Astuce* : pour effectuer mentalement la division par 80, il suffit de diviser successivement par 10, puis trois fois par 2. Ainsi, pour diviser de tête 600 par 80, il suffit d'effectuer rapidement les calculs suivants :

1. 600 ÷ 10 = 60.
2. 60 ÷ 2 = 30.
3. 30 ÷ 2 = 15.
4. 15 ÷ 2 = 7,5.

Bien sûr, les vitesses moyennes annoncées jusqu'à présent ne sont valables que sur route sèche. Si la pluie devait accompagner votre odyssée, comptez à peu près 10 % de temps en plus (puisque après la lecture des chapitres 5 et 6 les pourcentages n'ont plus de secret pour vous !).
La pluie justement, parlons-en ; ou plus précisément des orages. Dans le ciel, obscurci par de sombres nuages, des éclairs apparaissent et disparaissent brusquement en produisant une intense lumière. La mélopée des gouttes d'eau s'écrasant de-ci de-là et rappelant le jet d'une douche est interrompue par le grondement sourd du tonnerre. *Pourquoi y a-t-il un temps de latence entre le moment où l'on aperçoit l'éclair et celui où l'on entend le tonnerre ?*
Sans trop nous appesantir sur les détails, rappelons simplement que le gros nuage (cumulo-nimbus) à l'origine des orages génère un important courant électrique. Les molécules d'air traversées par ce courant émettent de la lumière (c'est l'éclair) et se dilatent brusquement sous l'effet de la chaleur en créant une succession d'ondes de choc (c'est le tonnerre et son grondement). Mais pourquoi l'éclair et le tonnerre qui sont engendrés par un même phénomène ne se manifestent-ils pas simultanément ? La raison en est simple. *La lumière et le son n'ont pas la même vitesse.*
La lumière de l'éclair parcourt approximativement 300 000 kilomètres en 1 seconde. C'est-à-dire qu'en l'espace d'une seconde elle couvre une distance supérieure à six fois le tour de la Terre.
Le son du tonnerre, quant à lui, ne parcourt « que » 334 mètres par seconde (dans l'air). Ce qui signifie que pour parcourir une distance équivalente à un seul tour de Terre, le son aura besoin d'un peu plus de 37 heures !
En pratique, on peut considérer que l'on voit l'éclair au moment où il se crée. Par conséquent, supposons qu'il faille attendre 3 secondes après avoir aperçu un éclair pour entendre le tonnerre. Comme en 3 secondes le son parcourt une distance d'environ 1 km, cela signifie que l'éclair se situait à... 1km.

Donc, en mesurant le temps qui sépare un éclair du tonnerre, on peut estimer la distance à laquelle l'orage se trouve. Il suffit de diviser le nombre de secondes par 3 pour obtenir la distance en kilomètres. Ainsi, par exemple, si vous comptez 8 secondes entre le moment où vous apercevez l'éclair et celui où vous entendez le tonnerre, à combien de kilomètres de vous le fascinant phénomène électrique s'est-il produit ?

Facile :

1. $8 \div 3 \approx 2{,}666$.
2. L'orage se situe donc à approximativement 2,7 km.

La connaissance de cette information est, soit dit en passant, plus ludique que pratique ! Mais comme à l'origine du chapitre nous cherchions un moyen d'occuper les enfants...

## RAPPELS

**Vitesse moyenne** = *distance parcourue ÷ temps pour effectuer le trajet.*

L'unité de la vitesse dépendra des unités de distance et de temps. Si la distance est exprimée en kilomètres et le temps en minutes, alors la formule donnera la vitesse en kilomètres par minute ($km.min^{-1}$).

**Distance parcourue** = *vitesse moyenne × temps pour effectuer le trajet.*

> **Attention !** Pour que la formule fonctionne, il faut que l'unité de *temps* soit la même que celle qui intervient dans l'unité servant à exprimer la *vitesse*. Si la vitesse est donnée en **mètres** par seconde, alors le temps doit être exprimé en secondes ; le résultat de la multiplication donnera (dans cet exemple) la distance en **mètres**.

**Temps pour effectuer le trajet** = *distance parcourue ÷ vitesse moyenne.*

> **Attention !** Pour que la formule fonctionne, il faut que la *distance* soit exprimée dans la même unité que celle servant à définir la *vitesse*. Si la vitesse est donnée en *kilomètres* par **heure**, alors les distances devront être indiquées en *kilomètres*. Le résultat de la division donnera ici le temps en **heures**.

## Pour vous entraîner

1) Combien de temps vous faudra-t-il pour parcourir la distance Nice-Toulouse (580 km environ) en empruntant l'autoroute ?
   Remarque : il fait beau ! La route est donc sèche et vous vous arrêtez régulièrement pour vous reposer.

2) Vous venez de couvrir une distance de 5 km en courant pendant 20 min.
   Quelle a été votre vitesse moyenne de course ?

3) Vous roulez à 90 $km.h^{-1}$ pendant 1 h 15 min. Quelle distance avez-vous parcourue ?

**Solutions :**

1) Les 580 km seront « avalés » en 290 min, soit 4 h 50 min.
   Vous devrez vous arrêter 2 fois.
   Durée du voyage : 5 h 50 min.
2) Vous avez couru à la vitesse moyenne de 15 $km.h^{-1}$.
3) Vous avez parcouru 112,5 km.

8

# Le temps, c'est de l'argent

Nous avons été amenés dans le chapitre précédent à faire des calculs de durées dont les résultats nécessitaient parfois une « transformation ». En effet, il semble assez peu naturel d'exprimer un laps de temps sous la forme : 2,3 heures. Comment convertir ce nombre en notation plus familière : heures, minutes (et éventuellement secondes) ? Ces « 2,3 heures » ne correspondent évidemment pas à « 2 heures et 3 minutes », pas plus qu'à « 2 heures 30 minutes ». Alors comment se débarrasser de ce « ,3 » qui nous gêne tant ?
Tout d'abord, isolons l'élément « perturbateur » en remarquant que :

$$2{,}3 \text{ h} = (2 + 0{,}3) \text{ h}.$$

C'est-à-dire :

$$2{,}3 \text{ h} = 2 \text{ h} + 0{,}3 \text{ h}.$$

Nous savons à combien de temps correspondent 2 heures ! En revanche, nous ne sommes pas trop habitués à dire : « Je m'absente un moment, je serai de retour dans 0,3 heure » ! Il nous faut donc exprimer ce laps de temps d'une autre façon. Et c'est là que nous faisons intervenir le fait qu'une heure est composée de 60 minutes.
Si 1 h correspond à 1 × 60 min, alors 0,3 h correspond à 0,3 × 60 min ; ce qui fait 18 min.

*En conclusion* : $\boxed{2{,}3 \text{ h} = 2 \text{ h } 18 \text{ min}}$.

Prenons un autre exemple et supposons que vous lisiez sur une facture que la main-d'œuvre pour la réparation de votre voiture coûte 40 €. Le prix unitaire affiché est de 25 € (tous les prix étant TTC). Combien de temps le garagiste a-t-il passé à travailler sur votre véhicule ?

1. $40 \div 25 = 1{,}6$ donc le garagiste a travaillé 1,6 h.
2. $1{,}6 \text{ h} = 1 \text{ h} + 0{,}6 \text{ h}$ 1 h ne pose pas de problème ; reste 0,6 h.
3. $0{,}6 \times 60 = 36$ donc 0,6 h = 36 min.
4. Conclusion : le temps passé sur la voiture est de $\boxed{1 \text{ h } 36 \text{ min}}$.

Voyons enfin comment, parfois, des secondes peuvent apparaître lors de la conversion. Appliquons la méthode décrite précédemment à 3,14 h (le nombre n'a rien à voir !).

1. $3{,}14 \text{ h} = 3 \text{ h} + 0{,}14 \text{ h}$.
2. $0{,}14 \times 60 = 8{,}4$.

Nous voilà bien avancé ! Nous avons trouvé que 3,14 h valaient 3 h 8,4 min. Qu'allons-nous faire de cette virgule ? Nous allons nous en débarrasser en utilisant le fait qu'une minute est composée de... 60 secondes ! Donc :

1. $8{,}4 \text{ min} = 8 \text{ min} + 0{,}4 \text{ min}$.
2. $0{,}4 \times 60 = 24$.
3. Conclusion : $\boxed{3{,}14 \text{ h} = 3 \text{ h } 8 \text{ min } 24 \text{ s}}$.

Le lecteur pointilleux voudra satisfaire sa curiosité et ne manquera pas de demander ce qu'il convient de faire lorsque le nombre de secondes possède lui aussi une virgule. L'auteur, impressionné par tant d'intérêt, s'empressera de le rassurer en lui indiquant que les éventuels chiffres qui suivraient la virgule font référence aux dixièmes de seconde, aux centièmes de seconde, aux millièmes de seconde, etc.

Maintenant que nous savons aisément passer de la notation sexagésimale à la notation décimale (n'ayez pas peur de ces vocables d'aspect quelque peu abstrus, ils décrivent simplement ( !) la méthode décrite en début de chapitre), nous allons focaliser toute notre attention sur la transformation inverse, c'est-à-dire convertir un temps exprimé en heures, minutes (et éventuellement secondes) en un nombre exclusivement d'heures. En effet, supposons que votre rémunération se calcule sur la base de 20 € par heure de travail et que vous ayez œuvré pendant 2 h 36 min, combien percevrez-vous pour vos services ?

Cette fois-ci, nous souhaitons nous « débarrasser » des minutes et les transformer en heures. Puisque précédemment, pour passer des heures aux minutes, nous avons utilisé la multiplication par 60, nous allons à présent utiliser l'opération inverse : la division par 60.

1. $36 \div 60 = 0{,}6$.
2. Donc : 2 h 36 min = 2 h + 0,6 h (i.e. vous avez travaillé durant 2,6 h).
3. Par conséquent, vous devriez être payé(e) :

$$\boxed{20\ € \times 2{,}6 = 52\ €}.$$

La méthode est analogue si l'on tient compte aussi des secondes. Ainsi, 8 h 42 min 12 s se transformera de la façon suivante :

1. <u>*Transformons les secondes en minutes*</u> :
   $12 \div 60 = 0{,}2$ donc 12 s = 0,2 min.

2. <u>*Nous savons déjà que*</u> :
   8 h 42 min 12 s = 8 h 42,2 min.

3. <u>*Transformons les minutes en heures*</u> :
   $42{,}2 \div 60 \approx 0{,}7$ donc 42,2 min ≈ 0,7 h.

4. $\boxed{8 \text{ h } 42 \text{ min } 12 \text{ s} \approx 8{,}7 \text{ h}}$.

## Pour vous entraîner

1) Vous calculez que vous allez rouler pendant 1,2 h. Ce temps correspond à 1 h et... combien de minutes ?

2) Vous venez de travailler durant 2 h 10 min. Vos tarifs sont de 15 € de l'heure.
Quel est le montant de votre facture ?

**Solutions :**

1) 1,2 h = 1 h 12 min.
2) Le montant de la facture s'élève à 32,50 €.

9

# Conversons des conversions !

Tous les bateaux viennent de franchir la ligne de départ au large de Saint-Malo et s'élancent pour plusieurs jours dans une course transatlantique effrénée : la route du Rhum ! Leur but est de rejoindre le plus rapidement Pointe-à-Pitre. Bien sûr, chacun choisira sa route en fonction des conditions météorologiques et des courants marins. Mais tous devront parcourir au moins les 3 592 milles qui séparent le départ de l'arrivée.

*À combien de kilomètres correspond une telle distance ?*

Tout d'abord, voyons la raison pour laquelle les marins ont choisi d'utiliser comme unité de longueur les milles nautiques plutôt que les kilomètres. En effet, pourquoi ont-ils créé une nouvelle unité et n'ont-ils pas utilisé celles déjà existantes ?
Nous ne pouvons malheureusement pas relater ici toute la partie de l'histoire de la navigation qui a conduit à ce choix. Aussi, pour faire simple, nous nous contenterons de rappeler qu'en mer il était plus aisé (avant l'apparition du système GPS !) de mesurer des *angles* que des distances. Pour cela, divers instruments ont été inventés : boussole, goniomètre, sextant, etc. Ainsi, suivre un cap consiste à avoir une trajectoire qui fait un *angle* constant avec la direction du nord. Le système de coordonnées utilisé sur

la Terre (latitudes et longitudes) fait référence à des *angles*. Inutile de donner d'autres applications des angles en marine pour comprendre leur importance et leur utilité. Mais quel lien y a-t-il entre les angles et les milles ?

**« Un mille correspond à la distance moyenne de deux points de la surface de la Terre qui ont même longitude et dont les latitudes diffèrent d'un angle de 1 minute. »**

D'où l'égalité : $\boxed{1 \text{ mille} = 1\,852 \text{ mètres}}$.

Conclusion : pour convertir des milles en kilomètres, il suffit de multiplier le nombre de milles par 1,852. Ainsi, comme : $3\,592 \times 1{,}852 \approx 6\,652$, on en déduit que les lignes de départ et d'arrivée de la route du Rhum sont distantes d'environ 6 652 km.

*Astuce*
Pour obtenir rapidement une assez bonne estimation de la distance en kilomètres, il suffit de multiplier le nombre de milles par 2 puis d'enlever 10 % au résultat.

**Exemple :**

À quelle distance, en kilomètres, correspondent 250 milles ?

1. $250 \times 2 = 500$.
2. 10 % de 500 valent 50.
3. $500 - 50 = 450$.
4. Donc : 250 milles ≈ 450 km.

**Remarques**
Le mille est aussi utilisé en aéronautique. Cependant, l'altitude des avions s'exprimera plutôt en *pieds*.
Ne pas confondre le mille avec le mile (mesure anglo-saxonne égale à 1 609 m).

Mais comme les navigateurs n'expriment pas les distances en mètres alors les vitesses, quant à elles, ne se mesureront pas en $km.h^{-1}$. l'unité usitée pour exprimer les vitesses en mer (et dans les airs) est le *nœud*.
Cette unité tient son nom de la méthode employée autrefois pour évaluer la vitesse d'un navire. Un marin jetait à l'eau un morceau de bois triangulaire (le *loch*) attaché à une corde sur laquelle des nœuds avaient été faits à intervalles réguliers de 15,435 m (soit 1/120$^{e}$ de mille). Le loch, freiné par l'eau, déroulait la corde à nœuds. On comptait alors le nombre de nœuds ainsi entraînés dans l'eau durant un intervalle de 30 secondes (soit 1/120$^{e}$ d'heure). Le résultat donnait le nombre de milles parcourus en une heure, si la vitesse restait constante. Donc : 1 nœud = 1 $mille.h^{-1}$
C'est-à-dire :

$$\boxed{1 \text{ nœud} = 1{,}852 \text{ km.h}^{-1}}$$

Finalement, le procédé pour convertir les nœuds en $km.h^{-1}$ est le même que celui permettant de transformer les milles en km.
Par conséquent, si nous prenons l'exemple d'un bateau filant à 15 nœuds, nous pouvons obtenir rapidement une estimation de sa vitesse en $km.h^{-1}$ en opérant de la façon suivante :

1. $15 \times 2 = 30$.
2. 10 % de 30 valent 3.
3. $30 - 3 = 27$.
4. Donc le bateau se déplace à la vitesse de 27 $km.h^{-1}$.

Vous voilà fin prêt à appareiller !

# Rappels

## Les mesures des angles

*Les degrés* (notés « ° ») : un tour complet représente 360 °. Chaque degré est subdivisé en soixante **minutes** (que l'on écrira 60'). C'est évidemment cette minute qui intervient dans la définition du mille ! Enfin, si l'on souhaite plus de précision, on peut découper chaque minute en soixante **secondes** (notées 60").

La longitude et la latitude sont des mesures d'angles qui permettent de localiser un point à la surface de la Terre. La longitude désigne l'angle formé par le méridien de Greenwich et le méridien sur lequel se situe le point que l'on souhaite indiquer. La latitude désigne l'angle formé par l'équateur et le parallèle sur lequel se trouve le point à repérer.

*Les grades* (notés « gr ») : un tour complet représente 400 gr. Le grade possède une unité « jumelle » : le **gon**. Ces unités restent relativement peu usitées en France.

*Les radians* (notés rad) : un tour complet représente 2 rad. Le radian est par définition « une mesure de l'angle plan qui, ayant son sommet au centre d'un cercle, intercepte sur la circonférence de ce cercle un arc dont la longueur est égale à celle du rayon ».

## Pour vous entraîner

1) Essayez de calculer mentalement à combien de kilomètres correspondent 300 milles.
2) Exprimez en $km.h^{-1}$ la vitesse d'un navire se déplaçant à 22 nœuds.
3) Un bateau vient de parcourir 50 milles à 8 nœuds de moyenne. Combien de temps lui a-t-il fallu ?

**Solutions :**

1) De tête, on estime que : 300 milles ≈ 540 km (avec la calculatrice on trouve la valeur exacte : 555,6 km).
2) De tête, on trouve : 22 nœuds ≈ 40 $km.h^{-1}$.
3) 50 ÷ 8 = 6,25 ; Le bateau a navigué pendant 6 h 15 min.

## 10

# Ça va chauffer !

Vous venez enfin d'atterrir à l'aéroport de New York. Le vol s'est bien déroulé et l'hôtesse vous annonce (en anglais !) que la température à l'extérieur est de 50 °F (cinquante degrés Fahrenheit). Lorsque vous avez quitté Paris la température était de 20 °C (vingt degrés Celsius). Fait-il plus chaud ou plus froid à New York qu'à Paris ? Devrez-vous vous couvrir avant de sortir de l'appareil climatisé ? Autant de questions dont les réponses ne tiennent qu'à une interrogation : *comment convertir des degrés Fahrenheit en degrés Celsius ?*

Tout d'abord, pour quelle raison existe-t-il différentes échelles de températures ?
Pour mesurer une température, on utilise la propriété suivante : *tout corps chauffé a tendance à se dilater*[1].
Le Prussien Daniel Gabriel Fahrenheit versa donc un liquide (du mercure) dans un tube de verre. Il constata que la hauteur de mercure dans le tube variait en fonction de la température.
Le niveau du mercure fut au plus bas dans son tube lorsqu'il immergea ce dernier dans un mélange de glace et de

1. Attention ! Cette propriété n'est vraie que s'il n'y a pas de changement d'état ; ainsi la glace, en devenant liquide, diminue son volume.

sel. Il décida que ce niveau correspondrait au zéro de son échelle. Puis il entreprit de relever la hauteur de mercure dans le tube de verre pour la valeur de la température correspondant à celle du corps humain (en bonne santé). La différence de hauteur de mercure entre les deux températures fut tellement importante qu'au lieu de fixer à 12 ce dernier niveau comme il l'avait initialement prévu, il subdivisa chaque graduation en 8 parties pour finalement fixer la température du corps humain à 96 °F (elle vaut plus, en réalité, mais les imperfections du verre ont quelque peu faussé les mesures).
Le premier thermomètre était né !
Quelques années plus tard, le Suédois Anders Celsius et le Français Jean-Pierre Christin élaborent un thermomètre dont le degré zéro correspond à la température de fusion de la glace, et le degré cent correspond à la température d'ébullition de l'eau. C'est l'échelle Celsius.
Pour établir un lien entre ces deux échelles de températures, il suffit par exemple de constater que :

$$32\ °F = 0\ °C \text{ et } 212\ °F = 100\ °C.$$

Ces données permettent de trouver les deux fonctions (affines !) pour convertir des degrés Fahrenheit en degrés Celsius et réciproquement.

## Conversion des degrés Fahrenheit en degrés Celsius

1. Soustraire 32 au nombre de °F.
2. Diviser le résultat par 9.
3. Puis le multiplier par 5.

Transformons nos 50 °F en °C.

1. $50 - 32 = 18$.
2. $18 \div 9 = 2$.
3. $2 \times 5 = 10$.

$\boxed{50\ °F = 10\ °C}$.

Vous devriez vous couvrir avant de descendre de l'avion ! Et maintenant, comment annoncer à vos amis américains qu'il faisait 20 °C à Paris ? En leur parlant anglais, naturellement !

## Conversion des degrés Celsius en degrés Fahrenheit

1. Diviser le nombre de °C par 5.
2. Multiplier le résultat par 9.
3. Puis ajouter 32.

Transformons nos 20 °C en °F.

1. $20 \div 5 = 4$.
2. $4 \times 9 = 36$.
3. $36 + 32 = 68$.

$\boxed{20\ °C = 68\ °F}$.

**Attention !** Les deux échelles de températures ne sont pas proportionnelles. Les exemples illustrent bien le fait que, si une température double en °C, il n'en sera pas de même en °F.

**Remarques**
Il n'existe qu'une mesure de la température qui s'exprime par le même nombre dans les deux unités.

$\boxed{-40\ °C = -40\ °F}$.

Il existe une autre méthode pour effectuer la conversion des °C en °F.

## Conversion des degrés Celsius en degrés Fahrenheit (bis)

1. Multiplier le nombre de °C par 2.
2. Retrancher 10 % au résultat.
3. Puis ajouter 32.

**Exemple :**

Trouver l'équivalent en °F de 40 °C.

1. 40 × 2 = 80.
2. 10 % de 80 font 8 d'où : 80 – 8 = 72.
3. 72 + 32 = 104.

| 40 °C = 104 °F |
|---|

.

# RAPPELS

## Les degrés Kelvin

L'unité de mesure des températures utilisée dans les formules thermodynamiques est le degré Kelvin (noté K). L'écart entre deux degrés Kelvin est le même qu'entre deux degrés Celsius. Mais le degré zéro de l'échelle Kelvin se situe à – 273,16 °C. C'est la température la plus basse qui soit : *le zéro absolu*.
Par suite, pour convertir des degrés Celsius en degrés Kelvin, il suffit d'ajouter 273,16 au nombre de °C.

## Pour vous entraîner

1) Convertir 15 °C en °F.

2) Convertir 14 °F en °C.

3) Convertir 18 °C en K.

4) Convertir 77 °F en K.

**Solutions :**

1) 15 °C = 59 °F.
2) 14 °F = – 10 °C.
3) 18 °C = 291,16 K.
4) 77 °F = 25 °C = 298,16 K.

## 11

# Mesurer sans l'ombre d'un doute

Vous avez décidé de refaire le crépi extérieur de votre maison. Grâce au premier chapitre de ce livre, vous savez que pour estimer la quantité de crépi (c'est-à-dire le nombre de pots) nécessaire à l'ouvrage *vous avez besoin de connaître la hauteur de votre maison*. Les instruments de mesure habituels semblent peu adaptés pour remplir cette tâche. D'autant que, par cette belle matinée ensoleillée, vous souhaiteriez éviter les acrobaties.

Profitez plutôt du soleil ! C'est lui qui va vous aider à mesurer la hauteur de votre maison. Comment ? Tout simplement parce qu'il projette sur le sol votre ombre et celle de la maison.

Votre travail consistera à vous placer dans l'ombre de la maison (en vous rapprochant à reculons de cette dernière) de telle sorte que l'ombre du sommet de votre crâne coïncide avec l'ombre du faîte de votre toiture. Tenez-vous droit lorsque vous procédez à cette opération ( !) et repérez à l'aide d'une marque la position de vos pieds au sol. Maintenant, pour obtenir la hauteur de votre maison, il ne vous reste plus que deux mesures à prendre et deux calculs à effectuer.

Tout d'abord, mesurez la longueur au sol de l'ombre de votre maison. Multipliez le nombre trouvé par votre taille (pour éviter tout problème d'unité, exprimez toutes les

dimensions en mètres). Enfin, il ne vous reste plus qu'à diviser le résultat de cette multiplication par la longueur (toujours en mètres) qui sépare la marque faite précédemment à vos pieds, de l'ombre du sommet du toit.
Ça peut paraître compliqué, mais en pratique c'est très simple. Voyons à l'aide d'un schéma (qui n'est pas à l'échelle) comment appliquer cette méthode.

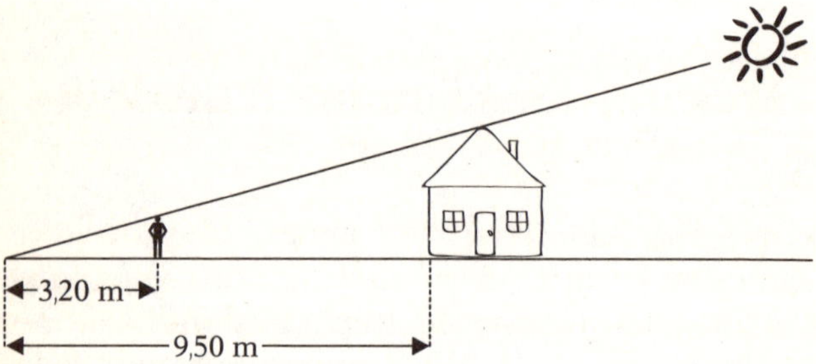


Supposons que vous mesuriez 1,75 m, que l'ombre de la hauteur de la maison fasse 9,50 m et que la distance qui sépare la marque faite à vos pieds du sommet de l'ombre soit de 3,20 m.

1. $1,75 \times 9,50 = 16,625$
2. $16,625 \div 3,20 \approx 5,20$

Conclusion, votre maison mesure environ $\boxed{5,20 \text{ m}}$.

**Remarques**
La précision des mesures est essentielle pour obtenir un résultat final peu différent de la réalité.
Le matin et en fin de journée les ombres sont plus grandes ; l'erreur liée à l'imprécision des mesures est alors moins importante.

Mais, me direz-vous, s'il n'y a pas de soleil, comment s'y prendre ? Devons-nous attendre le prochain équinoxe de printemps ? Que nenni !
Si le soleil n'est pas au rendez-vous, utilisez la méthode du piquet. Plantez, bien verticalement, un piquet à bonne distance du mur de la maison dont vous souhaitez évaluer la hauteur. Il vous faut maintenant vous accroupir et coller votre tête au sol (sans être acrobatique, cette méthode est physique...) de façon que l'un de vos yeux soit aligné avec le sommet du piquet et le haut du toit. En d'autres termes, vous devez vous placer de telle sorte que votre œil de visée devine le point le plus élevé de votre demeure derrière l'extrémité supérieure du piquet.
Après quelques déplacements à quatre pattes qui ne manqueront pas d'amuser vos voisins, vous arriverez certainement à la position requise. Effectuez alors une marque à l'emplacement de votre tête. Tout est prêt pour évaluer la hauteur de votre maison.
Pour retrouver un semblant de contenance après ces poses plus ou moins grotesques, mesurez respectivement et le plus dignement possible :

- la distance séparant la maison de votre marque,
- la distance entre le piquet et la marque,
- la hauteur du piquet.

En divisant la première distance par la deuxième, et en multipliant le résultat par la taille du piquet, vous obtiendrez une assez bonne estimation de la hauteur de votre maison.
Pour illustrer notre propos, utilisons de nouveau un schéma (qui n'est toujours pas à l'échelle).

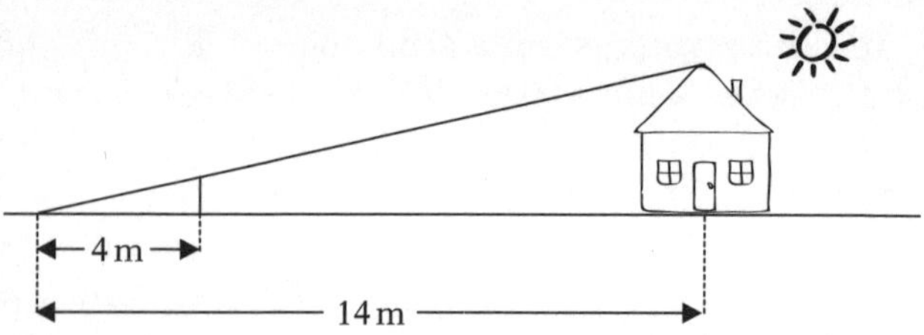


Imaginons que pour appliquer la méthode du piquet vous utilisiez un manche de râteau. Vous demandez à quelqu'un de le tenir verticalement pendant que vous reculez jusqu'à ce qu'en reposant votre tête au sol vous vous retrouviez dans la position décrite précédemment. Vous faites une marque à l'endroit où votre tête était en contact avec le sol.

Vous constatez alors que la distance de la marque au râteau est de 4 m, et que 14 m séparent votre marque de la maison (comme indiqué sur le schéma). Sachant que votre râteau mesure 1,50 m, vous pouvez effectuer les calculs suivants :

1. $14 \div 4 = 3{,}5$.
2. $3{,}5 \times 1{,}50 = 5{,}25$.

Vous pouvez donc estimer la hauteur de votre maison à 5,25 m (résultat peu différent de celui trouvé avec la première méthode).

## Rappels

### Le théorème de Thalès

Considérons deux droites ($\Delta_1$) et ($\Delta_2$) sécantes en O et deux autres droites ($D_1$) et ($D_2$) coupant ($\Delta_1$) et ($\Delta_2$) en A,B,C et D comme indiqué sur la figure suivante :

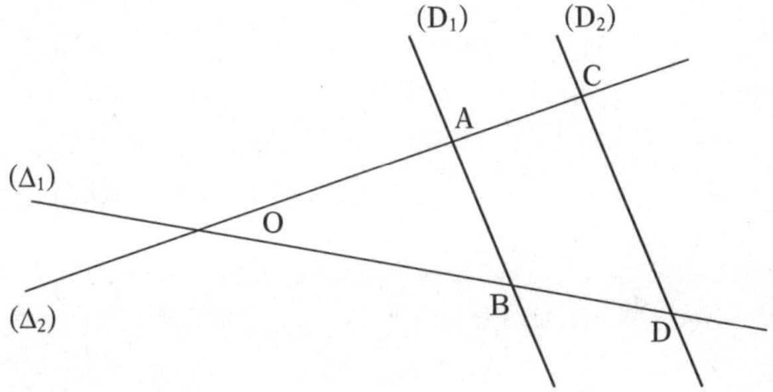


- Si les droites (D1) et (D2) sont parallèles, alors on a la double égalité :

$$\frac{\overline{OA}}{\overline{OC}} = \frac{\overline{OB}}{\overline{OD}} = \frac{\overline{AB}}{\overline{CD}}$$

- Réciproquement, si les deux égalités suivantes sont vraies :

$$\frac{\overline{OA}}{\overline{OC}} = \frac{\overline{OB}}{\overline{OD}} = \frac{\overline{AB}}{\overline{CD}}$$

  alors les droites (D1) et (D2) sont parallèles.

La notation $\overline{OA}$ (lire « mesure algébrique de OA ») caractérise l'« orientation » du segment [OA]. Ainsi, soit les trois fractions auront leurs deux segments qui ont la même orientation (comme dans la figure ci-dessus), soit les trois fractions seront constituées de segments d'orientation contraire (comme dans la figure ci-après).

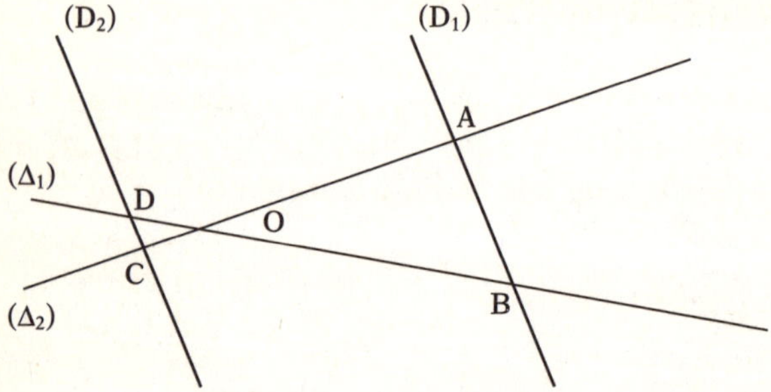

## Pour vous entraîner

Donnez une estimation de la hauteur de la maison si vous obtenez, avec un piquet de 80 cm, les mesures suivantes :

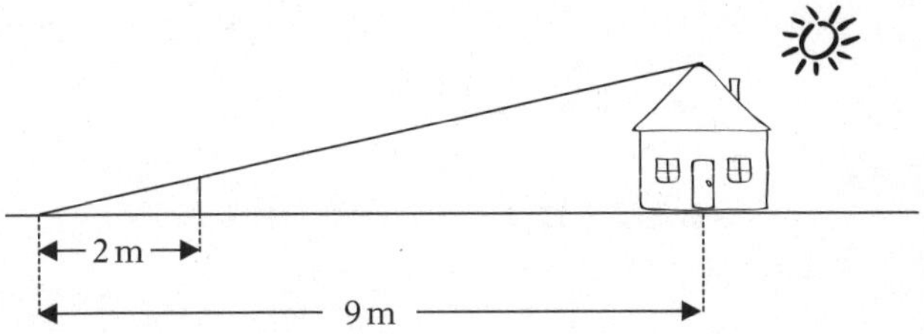


**Solution :**

80 cm = 0,8 m et 9 ÷ 2 × 0,8 = 3,6.

La maison fait approximativement **3,60 m** de hauteur.

## 12

# Je m'abonne ou pas ?

Vous voici affecté pour une durée de trois mois à l'autre bout de la France pour y suivre un stage de formation. Les frais d'hébergement sur place vous sont remboursés ou ont déjà été pris en charge par votre employeur. Cependant, vous souhaitez profiter au maximum de votre famille et de vos proches. Pour ce faire, vous vous informez sur les tarifs des billets de train.
Le prix de 120 € pour l'aller et retour vous semble onéreux. D'autant que vous envisagez d'effectuer le trajet le plus souvent possible. Vous vous renseignez et l'on vous indique qu'il est possible, moyennant un abonnement, de payer vos billets 25 % moins cher. Sachant que le montant de la carte d'abonnement s'élève à 280 €, *à partir de combien d'allers et retours l'abonnement devient-il avantageux* ?

Tout d'abord, calculons le prix d'un billet pour un abonné.

1. $120 \times 25\% = 30$.
2. $120 - 30 = 90$.

Le prix du billet pour un abonné sera de 90 €.

Une première façon de répondre à la question posée en préambule consiste à dresser la liste comparative (avec et sans abonnement) du cumul des coûts des trajets.

## Le tableau comparatif

| Nombre d'allers et retours | Prix sans abonnement | Prix avec abonnement |
|---|---|---|
| 1 | 120 € | 370 € |
| 2 | 240 € | 460 € |
| 3 | 360 € | 550 € |
| 4 | 480 € | 640 € |
| 5 | 600 € | 730 € |
| 6 | 720 € | 820 € |
| 7 | 840 € | 910 € |
| 8 | 960 € | 1000 € |
| 9 | 1080 € | 1090 € |
| 10 | 1200 € | 1180 € |
| 11 | 1320 € | 1270 € |

On compare ligne par ligne la somme totale déboursée. On s'aperçoit que les montants de la colonne de droite sont supérieurs à ceux de la colonne centrale pour les 9 premiers allers et retours. C'est donc à partir du 10e trajet que l'investissement généré par l'abonnement va s'avérer avantageux.

La méthode est efficace mais peut se révéler longue et fastidieuse. Voyons ensemble une autre façon de répondre à la question posée en début de chapitre.

## Formule d'intersection

1. Calculer la différence de prix entre un billet plein tarif et un billet à tarif réduit.
2. Diviser le montant de l'abonnement par la différence trouvée précédemment.

Le nombre obtenu, débarrassé de sa partie décimale, indique le nombre maximum de voyages pour lesquels il est préférable de ne pas prendre d'abonnement.

Appliquée à notre exemple, la formule donne :

1. 120 € – 90 € = 30 €.
2. 280 € ÷ 30 € ≈ 9,33.

On retrouve ainsi le nombre 9 (c'est 9,33 privé de sa partie décimale) ; seuil au-delà duquel l'abonnement devient avantageux.

## Prenons un autre exemple

Vous hésitez à investir dans l'achat d'une carte de cinéma. Cette carte qui coûte 26 € vous permet d'acheter pendant un an vos places au prix unitaire de 4,5 € au lieu des 8 € plein tarif. Combien de fois devez-vous vous rendre au cinéma pour amortir votre carte ?
La deuxième méthode étant plus concise, c'est elle que nous utiliserons pour résoudre ce problème.

1. 8 € – 4,5 € = 3,5 €.
2. 26 € ÷ 3,5 € ≈ 7,43.

Seul le 7 nous intéresse. Il nous permet de conclure que les personnes qui comptent se rendre 7 fois (ou moins) au cinéma dans l'année n'ont pas intérêt à prendre la carte. En revanche, l'achat de la carte s'avère rentable pour celles qui iront au moins 8 fois dans les salles obscures.

# RAPPELS

## Fonctions affines et fonctions linéaires

Les fonctions affines sont du type : $f(x) = ax + b$, où $a$ et $b$ désignent deux nombres réels.

### Exemples de fonctions affines :

| | | | | |
|---|---|---|---|---|
| $f(x) = 2x + 3$<br><br>$a = 2$ et $b = 3$ | ; | $f(x) = -4x - 2$<br><br>$a = -4$ et $b = -2$ | ; | $f(x) = \frac{\phantom{0}}{7}x + \sqrt{5}$<br><br>$a = \frac{\phantom{0}}{7}$ et $b = \sqrt{5}$ |

La fonction qui permet de convertir les degrés Celsius en degrés Fahrenheit est affine. C'est la fonction :

$$f(x) = 1{,}8x + 32.$$

La fonction qui permet de convertir les degrés Fahrenheit en degrés Celsius est affine. C'est la fonction :

$$f(x) = \frac{5}{9}x - \frac{160}{9}.$$

La représentation graphique d'une telle fonction dans un repère cartésien est *une droite*.

Le nombre a s'appelle le *coefficient directeur*. Il nous donne des renseignements sur la pente de la droite :

- *si $a > 0$,* la droite monte quand on la dessine de la gauche vers la droite,
- *si $a < 0$,* la droite descend quand on la dessine de la gauche vers la droite.
- *si $a = 0$,* la droite est horizontale (parallèle à l'axe des abscisses).

Le nombre b s'appelle l'*ordonnée à l'origine*. Il désigne l'endroit de l'axe des ordonnées par lequel passe la droite. Dans le cas particulier où b = 0, la fonction est dite linéaire. Les fonctions linéaires sont donc de la forme : $f(x) = ax$, où a désigne un nombre réel.

La représentation graphique d'une telle fonction est une droite passant par l'origine.

## Pour vous entraîner

1) Un magasin de jeux vidéo propose d'acheter pour 35 € une carte d'abonnement permettant pendant 1 an d'acquérir pour 25 € les jeux exposés dans sa vitrine. Sans la carte, chaque jeu coûte 30 €.
   Combien faudra-t-il prendre de jeux dans l'année (au minimum) pour que l'achat de la carte se révèle intéressant ?

2) Une agence de voyages propose des excursions en autocar. Le client a le choix entre deux formules tarifaires.
   1re formule : le client paye 5 € par kilomètre parcouru.
   2de formule : le client paye un forfait de 100 € de sorte que chaque kilomètre parcouru ne lui coûte que 4,20 €.
   Jusqu'à quelle distance la première formule est-elle la plus avantageuse ?

**Solutions :**

1) Il faudra acheter au moins 7 jeux dans l'année pour que la carte se révèle rentable.
2) Pour les excursions de moins de 125 km, il est préférable de choisir la 1re formule.

# 13

# Un chapitre capital qui ne manque pas d'intérêt

Vous avez réussi (non sans mal) à accumuler une petite somme rondelette que vous désirez faire fructifier. Seulement, vous ne souhaitez prendre aucun risque ; vous décidez de suivre le vieil adage : « Un tiens vaut mieux que deux tu l'auras. » Et puis vous avez encore en mémoire vos cours d'histoire relatant les conséquences de la crise de 1929 et son jeudi noir... Allons, ne soyez pas pessimiste ! Vous n'avez pas encore perdu l'argent que vous avez su gagner !

Il existe une grande quantité de placements que votre banquier s'est fait un plaisir de vous détailler. La plupart d'entre eux ont, entre autres caractéristiques, un taux d'intérêt. Et vous venez justement de vous décider à placer vos 10 000 € sur un livret dont le taux d'intérêt est de 3 %. *Comment calculer l'argent que vous rapporte ce capital ainsi placé ?*

**Remarque**
La suite faisant intervenir les pourcentages, il est préférable de bien maîtriser le chapitre *Pourcentages pourtant sages...* avant de poursuivre sa lecture.

Petite précision concernant le taux d'intérêt : il s'agit de taux d'intérêt annuels. Ainsi, si vous laissez vos 10 000 € sur votre livret pendant 1 an, ils vous rapporteront 300 euros (qui correspondent à : 10 000 € × 3 %). Peut-on en conclure que chaque année le montant de votre livret va augmenter de 300 € ? Non, car les intérêts des années précédentes vont se cumuler à votre capital de départ pour eux aussi générer des intérêts. La somme placée va donc évoluer de la manière suivante :

| | Capital en début d'année | Intérêts rapportés |
|---|---|---|
| 1re année | 10 000 € | 300 € |
| 2e année | 10 300 € | 309 € |
| 3e année | 10 609 € | 318,27 € |
| 4e année | 10 927,27 € | 327,82 € |

Ce tableau est une façon de calculer l'argent rapporté par le capital de départ. Cependant, il soulève deux questions :

1. Peut-on connaître directement la somme d'argent disponible sur notre livret à la fin de la vingtième année sans calculer les intérêts des 19 années précédentes ?

2. Si l'on souhaite retirer l'argent en cours d'année, comment calcule-t-on les intérêts ?

*La réponse à la première question s'obtient en utilisant les résultats vus dans le chapitre 6* :

En effet, il y est rappelé que : augmenter un nombre de 3 % consiste à le multiplier par le coefficient de variation 1,03.
La somme disponible sur le livret va être augmentée de 3 % chaque année pendant 20 ans. Cela signifie que nos 10 000 € vont être multipliés par 1,03 une vingtaine de fois. Ce qui, en langage mathématique, s'écrit :

$$10\,000\text{ €} \times \underbrace{1{,}03 \times 1{,}03 \times \ldots \times 1{,}03}_{20 \text{ fois}} = 10\,000\text{ €} \times 1{,}03^{20}$$

Par suite, à l'aide de la touche « puissance » d'une calculatrice, il est aisé d'établir que :

$$10\,000\text{ €} \times 1{,}03^{20} \approx 18\,061{,}11\text{ €}.$$

L'expression : « Le temps c'est de l'argent » prend tout son sens puisque le simple fait d'avoir laissé de l'argent sur un compte vous a rapporté plus de 8 000 €.

*Voyons à présent comment répondre à la seconde question* :

Afin de rester pratique et d'éviter le recours à des mathématiques moins élémentaires comme les racines n-ième, nous n'utiliserons pas (à l'instar des banques) les taux équivalents. Nous nous bornerons à étudier les taux *proportionnels*.
Pour simplifier le calcul des taux proportionnels, le monde financier considère qu'une année se compose de 12 mois de 30 jours ; soit 360 jours ! Il y a donc une carence de cinq jours (six, les années bissextiles) par rapport à une année civile : pas de quoi en faire une révolution !

Ainsi :
- le taux d'intérêt *mensuel* vaudra un douzième du taux d'intérêt annuel,

$$\boxed{\text{taux}_{\text{mensuel}} = \text{taux}_{\text{annuel}} \div 12}.$$

- le taux d'intérêt *journalier* vaudra 1/360e du taux d'intérêt annuel,

$$\boxed{\text{taux}_{\text{journalier}} = \text{taux}_{\text{annuel}} \div 360}.$$

Concrètement, supposons que vous laissiez vos 10 000 € sur votre livret pendant 8 mois. De quelle somme disposerez-vous, passé ce délai ?

1. Convertir le taux annuel de 3 % en taux mensuel.
   $$\text{taux}_{\text{mensuel}} = 3\,\% \div 12 = 0{,}25\,\%.$$

Le montant du livret va augmenter de 0,25 % chaque mois pendant 8 mois.

2. D'où le calcul : $10\,000\ € \times 1{,}0025^8 \approx 10\,201{,}76\ €$.
3. Conclusion : votre placement vous aura rapporté 201,76 € en 8 mois.

> **Remarque**
> La banque, qui utilise les taux équivalents, ne créditera votre compte que de 199,01 €.

Enfin, si vous ne laissez vos 10 000 € que pendant 50 jours à la banque, la somme restituée par cette dernière se calcule de la façon suivante :

1. Convertir le taux annuel de 3 % en taux journalier.
   $$\text{taux}_{\text{journalier}} = 3\,\% \div 360 \approx 0{,}0083\,\%.$$

Le montant du livret va augmenter de 0,0083 % chaque jour pendant 50 jours.

2. La somme cherchée est donnée par le calcul :
   $$10\,000\ € \times 1{,}000083^{50} \approx 10\,041{,}58\ €.$$

> **Remarque**
> La banque vous rendra en fait 10 041,14 € (résultat obtenu à l'aide du taux journalier équivalent).

# Rappels

## Les suites arithmétiques et géométriques

Appelons Uranus et Vénus les deux suites de nombres suivantes :

- 10 / 13 / 16 / 19 / 22 / 25 / 28 / 31 Uranus
- 0,5 / 1 / 2 / 4 / 8 / 16 / 32 / 64 / 128 Vénus

Que remarquons-nous ?
En ajoutant 3 au 1er nombre de la suite Uranus, on obtient le 2e nombre.
En ajoutant 3 au 2e nombre de la suite Uranus, on obtient le 3e nombre.
En ajoutant 3 au 3e nombre de la suite Uranus, on obtient le 4e nombre.
Etc.

**Uranus est qualifiée de suite** ***arithmétique***. Le nombre 3 (différence entre deux nombres consécutifs) s'appelle la *raison* de la suite.

En multipliant le 1er nombre de la suite Vénus par 2, on obtient le 2e nombre.
En multipliant le 2e nombre de la suite Vénus par 2, on obtient le 3e nombre.
En multipliant le 3e nombre de la suite Vénus par 2, on obtient le 4e nombre.
Etc.

**Vénus est qualifiée de suite** ***géométrique***. Le nombre 2 (rapport entre deux nombres consécutifs) s'appelle la *raison* de la suite.

Pour plus de commodité, lorsqu'on désire faire référence à un nombre en particulier, on utilise la première lettre

du nom de la suite que l'on fait suivre (écrit en plus petit) du rang qu'occupe ce nombre dans la suite.
Le nombre 19 appartenant à Uranus est le 4e terme de cette suite. Ce nombre 19 aura donc comme référence : $U_4$.
Le nombre 64 appartenant à Vénus est le 8e terme de cette suite. Ce nombre 64 aura comme référence : $V_8$.

Vous pouvez vérifier que : $U_7 = 28$ et $V_1 = 0{,}5$. Vous pouvez aussi vous assurer que, si les suites étaient plus longues, elles vérifieraient :

$$U_9 = 34 \; ; \; U_{12} = 43 \; ; \; V_{10} = 256 \text{ ou encore } V_{20} = 262\,144.$$

Pour chaque suite, il existe une formule donnant directement la valeur d'un terme (dont le rang, noté n, est destiné à être remplacé par le nombre de notre choix), connaissant la raison de la suite et son premier terme.

$$U_n = 10 + 3(n - 1) \text{ et } V_n = 0{,}5 \times 2^{n-1}.$$

En remplaçant les lettres n par le nombre 12 dans la première formule, on retrouve :

$$\begin{aligned} U_{12} &= 10 + 3(12 - 1) \\ &= 10 + 3 \times 11 \\ &= 10 + 33 \\ &= 43. \end{aligned}$$

De même, en remplaçant les lettres n de la deuxième formule par le nombre 20, on retrouve :

$$\begin{aligned} V_{20} &= 0{,}5 \times 2^{20-1} \\ &= 0{,}5 \times 2^{19} \\ &= 0{,}5 \times 524\,288 \\ &= 262\,144. \end{aligned}$$

Pour finir, donnons les formules générales.

Suite arithmétique de premier terme $U_1$ et de raison r :

$$U_n = U_1 + r(n - 1)$$

Suite géométrique de premier terme $V_1$ et de raison q :

$$V_n = V_1 \times q^{n-1}$$

## Pour vous entraîner

1) Vous laissez 4 000 € sur un compte à 4,5 % pendant 5 ans.
De quelle somme disposez-vous à la fin de ces 5 années ?

2) Vous placez 6 000 € sur un compte à 5 %.
Au bout de 4 mois, combien vous aura rapporté ce placement ?

3) On considère la suite suivante : 17 / 24 / 31 / 38 / 45 / 52 /...
Quel nombre occupe la 50e position ?

**Réponses :**

1) Votre compte présentera un solde créditeur de 4 984,73 €.
2) $taux_{mensuel} \approx 0{,}42$ %. Le compte sera donc crédité d'un montant de 6 101,44 €.
Ce placement vous aura rapporté 101,44 €.
3) On utilise la formule concernant les suites arithmétiques en remplaçant :
   - n par 50 ;
   - $U_1$ par 17 ;
   - r par 7 ;

On trouve : $U_{50} = 360$.

## 14

# Visa pour les « stats »

« Si 30 % des accidents de la route ont pour origine l'alcool, cela signifie que 70 % des accidents sont causés par des buveurs d'eau. Conclusion : boire avant de conduire réduit les risques d'accidents ! »

Cette blague de comptoirs illustre parfaitement le fait de pouvoir faire dire tout et n'importe quoi aux chiffres si l'on ne sait pas correctement les interpréter.
Cependant, les mauvaises interprétations des statistiques reposent le plus souvent sur le manque (voire l'absence) d'informations concernant la « marge » autour d'un résultat.
De quoi s'agit-il ? Pour le savoir, prenons l'exemple de deux élèves (appelons-les Tom et Jerry) calculant leur moyenne en mathématiques.
Tom a commencé l'année très fort avec un 20/20. Puis, pêchant par orgueil, il n'a pas révisé pour le second contrôle et a obtenu un désagréable 0/20. Sa moyenne est donc de 10/20.
Jerry, quant à lui, a eu deux fois la note de 10/20. Sa moyenne est elle aussi de 10/20.
Nous pouvons constater que Tom a obtenu des notes « éloignées » de sa moyenne ; ce qui n'est pas le cas de Jerry. Ainsi, nous nous retrouvons avec deux moyennes identiques pour caractériser les résultats très différents de

deux élèves. Pour que ces moyennes soient plus significatives il est donc important de les accompagner d'un nombre qui déterminera une espèce de « distance moyenne » entre les notes obtenues et la note moyenne. Ce nombre s'appelle l'*écart type* et sa formule pour le calculer est donnée en fin de chapitre.
Pour Tom, l'écart type est de 10 tandis que pour Jerry l'écart type est de 0. Cette donnée supplémentaire permet de mieux localiser la dispersion des notes autour de la moyenne. Plus l'écart type est grand, plus la moyenne est éloignée des nombres qu'elle représente.

Ainsi, supposons que dans un groupe de dix élèves neuf obtiennent la note de 5/20 pour leur travail en anglais et que le dixième reçoive la note de 15/20. La moyenne du groupe est alors de 6/20 et l'écart type vaut 3. Cela signifie que pour « *être dans la moyenne* » il faut avoir obtenu une note comprise entre 3 et 9 (i.e. qui a moins de trois points d'écart avec la moyenne). Voici la fameuse *marge* évoquée en début de chapitre !

Il existe une autre marge qui est n'est que très rarement évoquée et qui pourtant est très importante : c'est celle qui est liée aux sondages.
En effet, apprendre que pour les élections à venir le candidat A n'est crédité que de 48 % d'intention de vote tandis que le candidat B a recueilli 52 % d'intention de vote est insuffisant pour conclure à la victoire de B. Le résultat complet d'une enquête statistique comprend :
→ **les moyennes** des réponses des personnes interrogées ;
→ **l'intervalle de confiance** (voici la marge !) ; il permet d'obtenir les valeurs entre lesquelles le résultat final a de très fortes chances de se situer ;
→ **le coefficient de confiance** qui détermine la probabilité pour que le résultat final ne soit pas compris dans l'intervalle de confiance.

Donc sur notre exemple, le résultat complet du sondage pourrait ressembler à ça :
« *48 % des personnes interrogées ont l'intention de voter pour le candidat À et 52 % pour le candidat B. L'intervalle de confiance est de 3 % avec un coefficient de confiance de 2 %.* »
La dernière phrase signifie que l'institut de sondage estime que le candidat À devrait recueillir entre 45 % (48 % – 3 %) et 51 % (48 % + 3 %) d'intentions de votes. Le candidat B devrait recueillir, d'après l'enquête, entre 49 % (52 % – 3 %) et 55 % (52 % + 3 %) des bulletins en sa faveur. Donc, si le candidat À remporte les élections avec 51 % des suffrages ceci ne sera pas en contradiction avec les résultats du sondage.
Le coefficient de confiance est là pour rappeler qu'il reste deux chances sur cent pour qu'il remporte les élections avec plus de 51 % des voix ou qu'il obtienne moins de 45 % des suffrages ! Bref, tout est possible même si certains résultats sont plus probables que d'autres.

La majeure partie du temps, nous accusons – à tort ! – les instituts de sondages de s'être trompés dans leurs estimations alors qu'en fait c'est nous qui interprétons mal les informations fausses (car incomplètes) qui sont mises à notre disposition.

Cela dit, soyons honnêtes et reconnaissons qu'il nous arrive parfois de mettre volontairement de côté les données objectives. C'est alors notre intuition (qui ne va pas toujours dans le sens des probabilités !) que nous préférons suivre.
Prenons l'exemple du loto ; combien d'entre nous cocheraient les six numéros 1/2/3/4/5/6 en espérant avoir autant de chances de gagner qu'en cochant six autres numéros « *quelconques* » ? Pourtant la suite 1/2/3/4/5/6 a exactement la même probabilité de sortie que n'importe quel autre

tirage. Mais au fait, quelle est la valeur de cette probabilité ?

Pour répondre à cette question imaginons-nous le soir d'un tirage avec notre grille dans les mains. Nous avons choisi 6 numéros parmi 49. Lorsque la première boule du tirage tombera, il y aura donc **6 chances sur 49** pour que le numéro inscrit dessus soit l'un des nôtre.

Youpi, nous l'avons ! Nous regardons fébrilement les 5 autres numéros cochés sur notre grille et les 48 boules qui s'agitent encore : il y a **5 chances sur 48** pour que la deuxième boule du tirage porte l'un de nos numéros.

Et ainsi de suite ; si le deuxième numéro du tirage est l'un des nôtre alors il y aura **4 chances sur 47** pour que la troisième boule porte un des nombres restants sur notre grille. Si nous avons encore le troisième numéro, il y aura **3 chances sur 46** pour que nous ayons le quatrième numéro. Si nous l'avons, il nous reste **2 chances sur 45** pour que la pénultième boule soit gagnante pour nous. Enfin, si nous avons cinq numéros gagnant avant le tirage de la sixième boule alors il y a **1 chance sur 44** pour que notre dernier numéro soit gagnant.

La probabilité de gagner au loto se calcule donc de la façon suivante :

$$\frac{6}{49} \times \frac{5}{48} \times \frac{4}{47} \times \frac{3}{46} \times \frac{2}{45} \times \frac{1}{44} = \frac{720}{10068347520}$$

$$= \frac{1}{13983816}$$

Il y a donc une chance sur près de quatorze millions d'obtenir les six bons numéros au loto.

Parfois, pour que l'espoir subsiste, mieux vaut ne pas avoir toutes les informations !

# Rappels

## Les permutations

Le nombre de façons de permuter les quatre lettres A,B,C et D s'obtient par le calcul :

$$4 \times 3 \times 2 \times 1 = 24$$

En effet, les possibilités sont :

| | | | |
|---|---|---|---|
| A B C D | B A C D | C A B D | D A B C |
| A B D C | B A D C | C A D B | D A C B |
| A C B D | B C A D | C B A D | D B A C |
| A C D B | B C D A | C B D A | D B C A |
| A D B C | B D A C | C D A B | D C A B |
| A D C B | B D C A | C D B A | D C B A |

L'expression : **4 × 3 × 2 × 1** se note **4 !** et se lit « factorielle quatre ».

## Les arrangements

Pour connaître le nombre de tiercés (dans l'ordre) différents qu'il peut y avoir à l'arrivée d'une course comprenant 15 partants, on effectue le calcul :

$$15 \times 14 \times 13 = 2\,730.$$

L'expression : **15 × 14 × 13** se note $\mathbf{A}_{15}^{3}$.
Par analogie, le nombre de quintés (toujours dans l'ordre) possibles si 18 chevaux s'élancent de leur stalle est : $A_{15}^{3} = 18 \times 17 \times 16 \times 15 \times 14 = 1\,028\,160$.

## Les combinaisons

Afin d'effectuer une mission dans l'espace, dix astronautes se sont entraînés et sont fin prêts pour le voyage. Sachant que la navette qui doit les transporter ne peut en accueillir que six, combien d'équipages différents sont susceptibles de décoller ?

La réponse est : $\frac{10 \times 9 \times 8 \times 7 \times 6 \times 5}{6 \times 5 \times 4 \times 3 \times 2 \times 1} = \frac{151\,200}{720} = 210.$

L'expression : $\frac{10 \times 9 \times 8 \times 7 \times 6 \times 5}{6 \times 5 \times 4 \times 3 \times 2 \times 1}$

se note $C_{10}^{6}$ ou $\binom{10}{6}$

## Les p-listes

On vous demande, pour sécuriser une transaction, de saisir sur votre ordinateur un code composé de cinq lettres (nous nous limiterons volontairement à cinq lettres pour éviter d'aboutir à des résultats astronomiques). Combien de choix s'offrent à vous ?

Notre alphabet contenant 26 lettres, la réponse est :

$$26^5 = 26 \times 26 \times 26 \times 26 \times 26 = 11\,881\,376.$$

Les exemples que nous venons de voir peuvent être modélisés et généralisés en les identifiant aux différentes façons d'extraire des boules dans une urne.

→ Tirage de n boules parmi n avec ordre et sans répétition (les permutations) : $n!$ (factorielle $n$).

→ Tirage de p boules parmi n avec ordre et sans répétition (les arrangements) : $A_n^p$.

→ Tirage de p boules parmi n sans ordre et sans répétition (les combinaisons) : $C_n^p$ ou $\binom{n}{p}$.

→ Tirage de p boules parmi n avec ordre et avec répétition (les p-listes) : $n^p$.

## Pour vous entraîner

1) Vous prenez dix cartes à jouer différentes et vous les mélangez. Combien de mélanges différents pouvez-vous obtenir ?

2) Afin d'exécuter un tour de magie, on vous donne un jeu de 52 cartes et l'on vous demande de choisir une carte que vous rangerez dans une enveloppe rouge, puis une autre carte que vous cacherez dans une enveloppe bleue.
Combien de choix s'offrent à vous ?

3) Pour un autre tour de magie, on vous demande cette fois-ci de choisir 2 cartes parmi les 52 mises en éventail devant vous. Combien de paires différentes pouvez-vous choisir ?

**Solutions :**

1) $10! = 3\,628\,800$.

2) $A_{52}^{2} = 52 \times 51 = 2\,652$.

3) $C_{52}^{2} = \dfrac{52 \times 51}{2 \times 1} = 1\,326$.

# Index

Librio

763

Composition PCA
Achevé d'imprimer en France par Aubin Imprimeur
en mai 2008 pour le compte de E.J.L.
87, quai Panhard-et-Levassor, 75013 Paris
EAN 9782290352229
Dépôt légal : mai 2008
1er dépôt légal dans la collection : avril 2006

*Diffusion France et étranger : Flammarion*